Bonnes pratiques pour le montage et la gestion de projet

Réussir son projet au niveau local, national, européen ou international.

Deuxième version

© avril 2016 - Émilie HOCHART *www.europroje-c-ts.blogspot.com*

ISBN : 978-2-9552297-6-7

AVANT-PROPOS

Le but de ce guide est de vous aider dans le montage de votre projet, la préparation de la demande de subvention puis dans la gestion de celui-ci, une fois la subvention obtenue.

La première partie du guide contient des conseils pour vous permettre de préparer votre projet de la meilleure manière possible, puis d'identifier des sources de cofinancement avant d'enchaîner avec la demande de subvention. La gestion de projet peut vous paraître impressionnante, mais grâce à ce guide, vous verrez que cela est tout à fait faisable en suivant quelques règles.

Ce guide vise principalement les projets européens, mais les informations que vous y trouverez restent valables pour des projets à dimension locale ou nationale. L'objectif est de vous démontrer que les subventions européennes restent accessibles à toutes les structures éligibles.

Si vous souhaitez obtenir des informations sur les subventions européennes disponibles pour la période 2014-2020, vous pouvez consulter le guide que j'ai rédigé précédemment et intitulé **Programmes et fonds européens pour la période 2014-2020**.

***

À propos de moi...

Retrouvez-moi :

- Sur mon blog : www.europroje-c-ts.blogspot.com
- Sur Twitter : www.twitter.com/EmHochart
- Sur Facebook : www.facebook.com/hochart.e
- Sur LinkedIn : fr.linkedin.com/in/ehochart

En 2014, j'ai réalisé un stage de six mois au sein de l'équipe chargée des financements externes à l'East Sussex County Council au Royaume-Uni. Je suis diplômée d'un master en Management international spécialisé dans la conduite de projets européens, obtenu à l'Université de Picardie Jules Verne en France. En tant que Chargée de mission Europe, mes missions consistent principalement à sensibiliser le public sur les subventions européennes disponibles et à assister les chargés de projet dans le montage et la gestion de celui-ci.

Remerciements à Carmen et Estelle.

Remerciements tout particuliers à Véronique Poutrel, External Funding Manager à l'East Sussex County Council.

SOMMAIRE

MONTAGE DE PROJET

L'idée

Une idée : une pensée qui en mène à une autre

Vous avez peut-être déjà vécu une situation ou fait face à un problème qui vous a permis d'identifier un besoin spécifique auquel vous pourriez répondre. Ou vous souhaitez tout simplement partager votre expérience et votre savoir-faire dans un domaine particulier avec un ou plusieurs partenaire(s).

La première étape du montage de projet consiste à définir votre projet.

Pour vous aider, vous pouvez répondre à ces questions courtes.

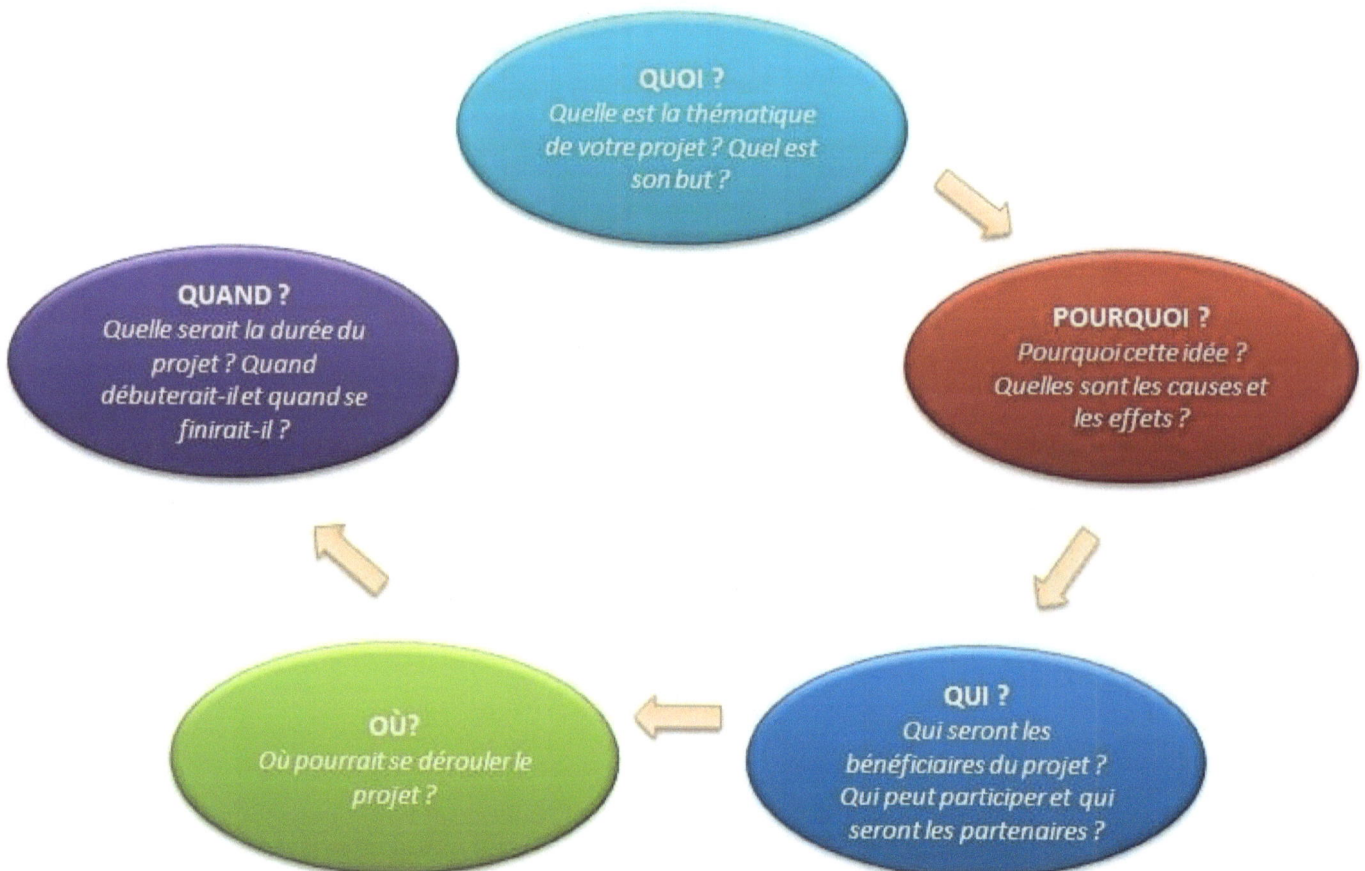

QUOI ?
Quelle est la thématique de votre projet ? Quel est son but ?

POURQUOI ?
Pourquoi cette idée ? Quelles sont les causes et les effets ?

QUI ?
Qui seront les bénéficiaires du projet ? Qui peut participer et qui seront les partenaires ?

OÙ ?
Où pourrait se dérouler le projet ?

QUAND ?
Quelle serait la durée du projet ? Quand débuterait-il et quand se finirait-il ?

La phase de développement de votre projet peut vous sembler évidente et facile, et vous pouvez avoir envie de la passer. Cependant, prendre le temps d'y réfléchir peut vous permettre de gagner du temps pour les étapes suivantes, mais aussi de rendre la préparation de la demande de subvention beaucoup plus facile.

Cas pratique

L'association ABCD a pour but d'initier les écoliers au plaisir de la lecture. Aujourd'hui, elle souhaite échanger de bonnes pratiques avec une association similaire dans un pays européen.

Son idée de projet pourrait être définie ainsi :

QUOI : lutter contre l'illettrisme chez les enfants

POURQUOI : parce que l'illettrisme peut conduire à des difficultés d'ordre social, pour assurer l'égalité des chances et une meilleure qualité de vie

QUI : *bénéficiaires* = enfants en classe de CE1-CE2, *partenaires* = écoles, associations, bibliothèques

OÙ : écoles de pays européens

QUAND : *durée* = une année scolaire, *début* : septembre-octobre, *fin* : juin

2 De l'idée... au projet

Pas à pas, on va loin

Une fois votre idée définie, vous devez réfléchir sur comment monter votre projet et préciser son contenu, c'est-à-dire les besoins auxquels votre projet devra répondre et comment il y parviendra.

Cette étape va vous permettre de construire une base solide pour votre projet, de bien connaître ses objectifs et les activités que vous mènerez pour les atteindre, et, enfin, de prévoir les problèmes auxquels vous pourriez faire face au cours de la mise en œuvre du projet. Ensuite, l'identification des possibilités de cofinancement du projet sera plus facile et vous serez mieux préparé pour « vendre » votre projet.

Différents outils existent pour vous aider dans cette tâche. Parmi eux, vous avez :

- **L'arbre des causes :** pour identifier les causes et les effets des problèmes qui ont inspiré votre projet,

- **L'état de l'art :** pour connaître la situation avant que votre projet ne commence et ainsi mesurer son impact,

- **L'analyse AFOM :** pour identifier les atouts, les faiblesses, les opportunités et les menaces de votre projet,

- **Le cadre logique :** pour identifier l'objectif général, les objectifs spécifiques et les actions de votre projet.

Ces outils qui seront détaillés dans les pages suivantes vous permettront de planifier votre projet pour être ainsi mieux préparé pour la suite.

1/ L'arbre des causes

Cet outil vous permet d'identifier les causes et les effets des problèmes qui vous ont donné l'idée du projet. L'arbre des causes aidera votre projet à répondre aux problèmes les plus pertinents et ainsi à générer un impact plus important.

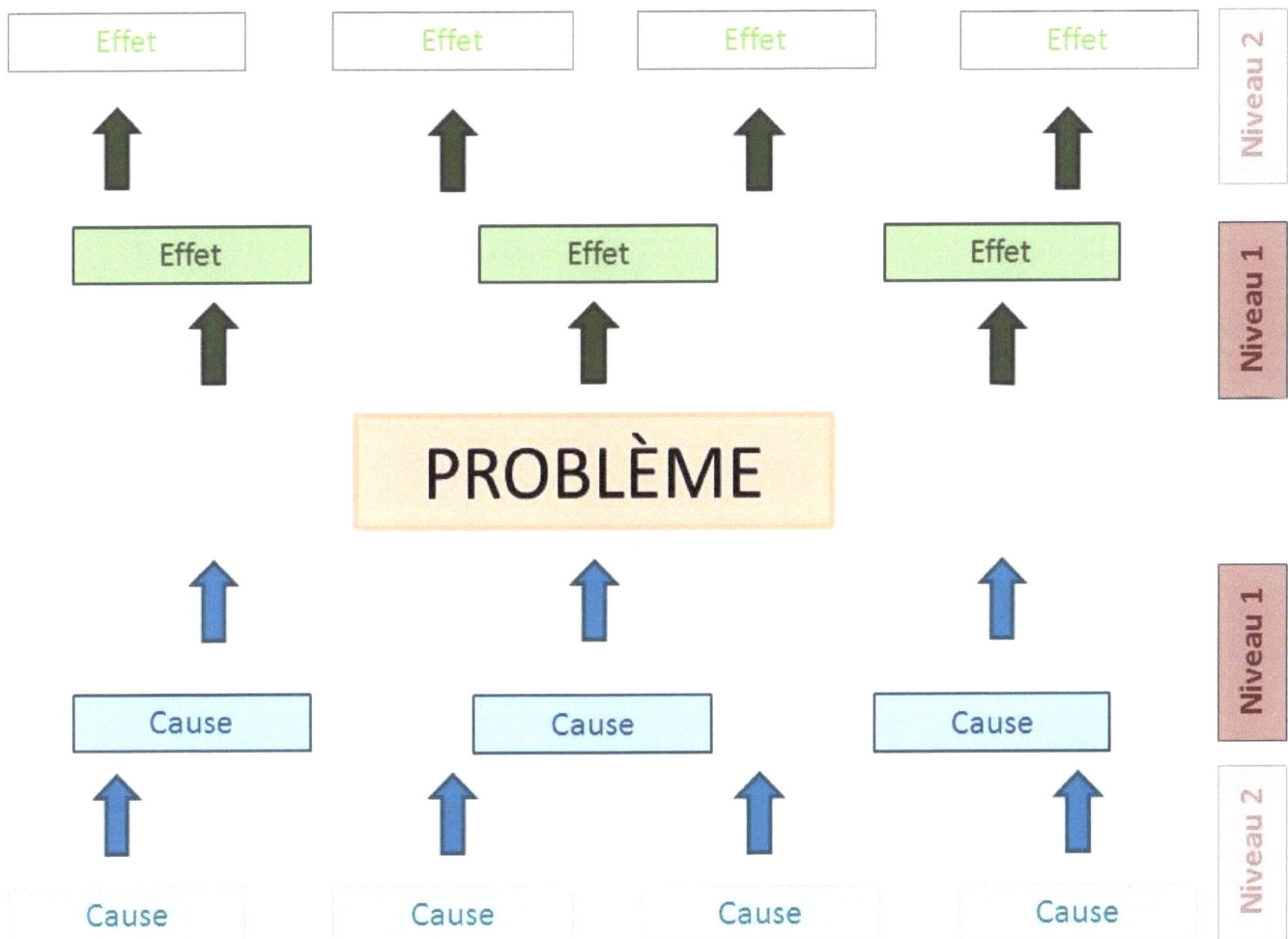

Effet	Effet	Effet	Effet	Niveau 2

↑ ↑ ↑ ↑

Effet		Effet		Effet	Niveau 1

↑ ↑ ↑

PROBLÈME

↑ ↑ ↑ Niveau 1

Cause	Cause	Cause

↑ ↑ ↑ ↑ Niveau 2

Cause	Cause	Cause	Cause

2/ L'état de l'art

Cette analyse vise à évaluer le niveau de connaissance et de savoir-faire atteint dans un domaine particulier à un moment donné. Tout d'abord, vous devez identifier des projets similaires qui ont déjà été menés auparavant à un niveau local, national, européen ou même international. Vous devez ensuite lister les politiques nationales ou européennes en lien avec votre domaine d'activité, réunir les statistiques et/ou les études qui pourront servir pour votre demande de subvention.

Vous pouvez enfin rassembler vos données et vous obtenez votre état de l'art !

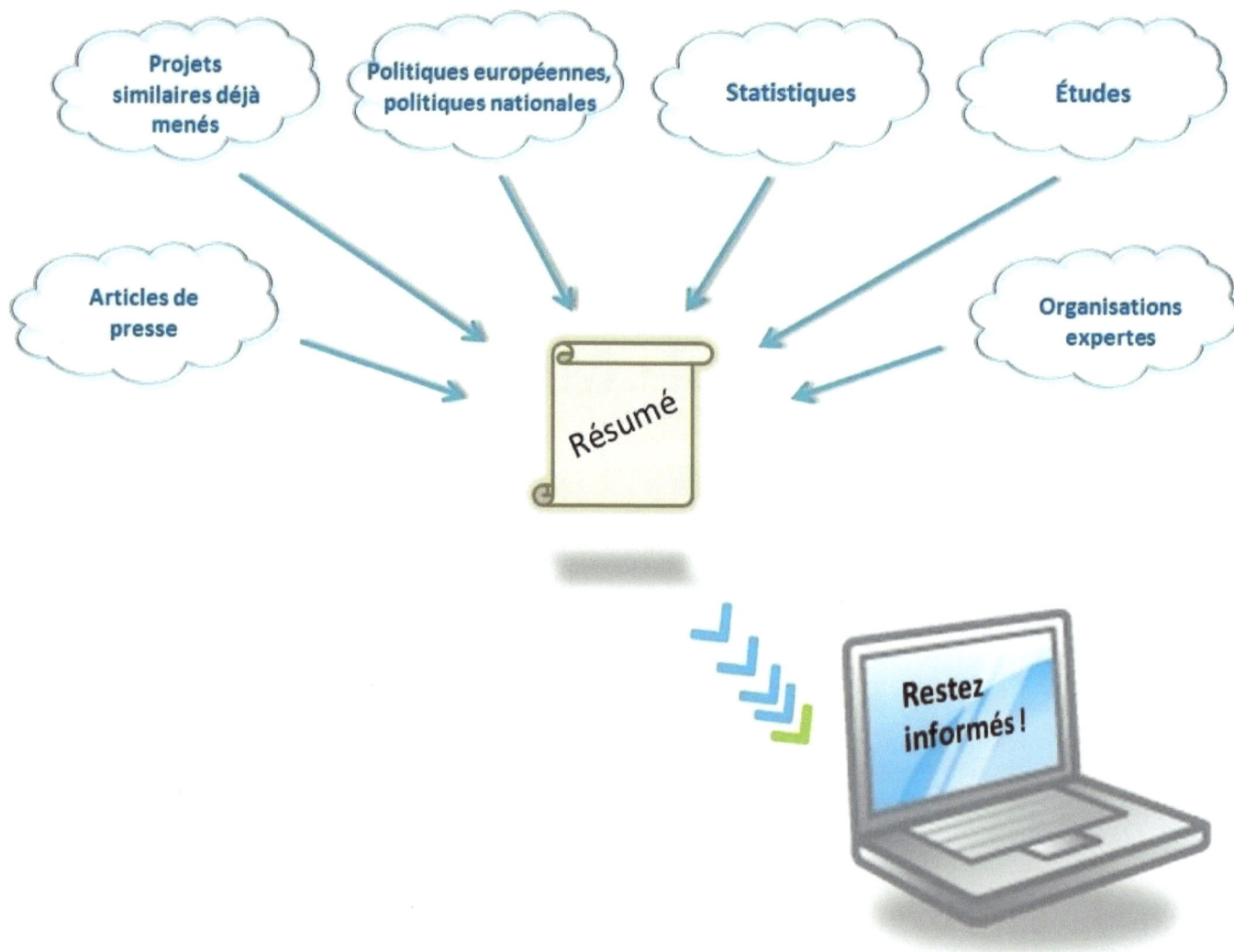

3/ L'analyse AFOM

L'analyse AFOM (Atouts, Faiblesses, Opportunités, Menaces) vous aidera à identifier les points forts et les points faibles de votre projet. Vous pouvez ensuite identifier les opportunités et les menaces auxquelles votre projet pourrait faire face pendant sa mise en œuvre.

- Les atouts et les faiblesses concernent le niveau interne du projet, à savoir son volet technique,

- Les opportunités et les menaces concernent le niveau externe du projet, c'est-à-dire son contenu.

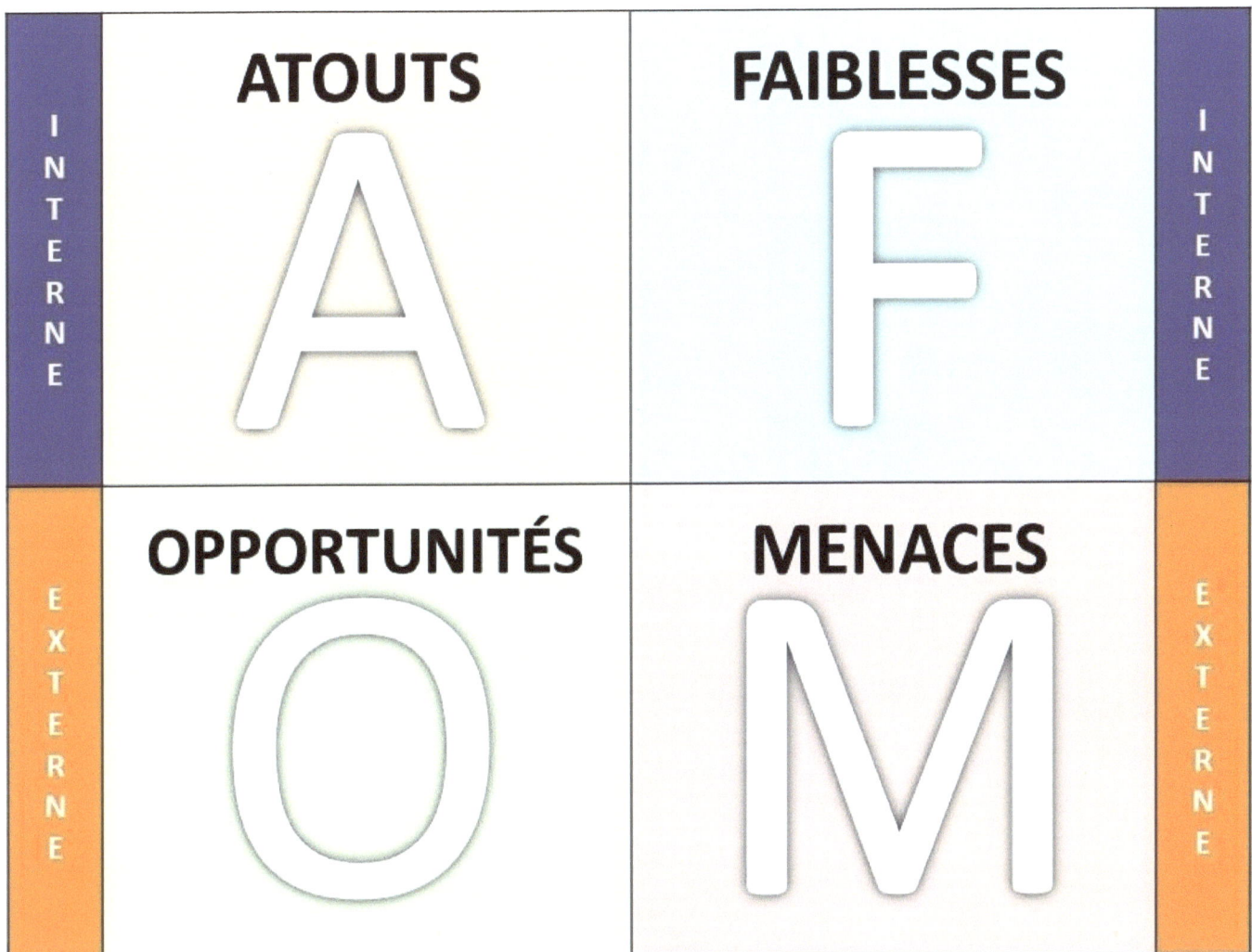

INTERNE	ATOUTS A	FAIBLESSES F	INTERNE
EXTERNE	**OPPORTUNITÉS O**	**MENACES M**	**EXTERNE**

4/ Le cadre logique

Une fois l'analyse précédente terminée, vous êtes en capacité de travailler sur le cadre logique grâce au tableau ci-dessous. Vous devez commencer à gauche de la ligne du bas, en allant vers la droite et en remontant sur la ligne du dessus à chaque fois. Autrement dit, vous commencez avec les informations les plus précises et vous finissez avec celles qui sont plus générales.

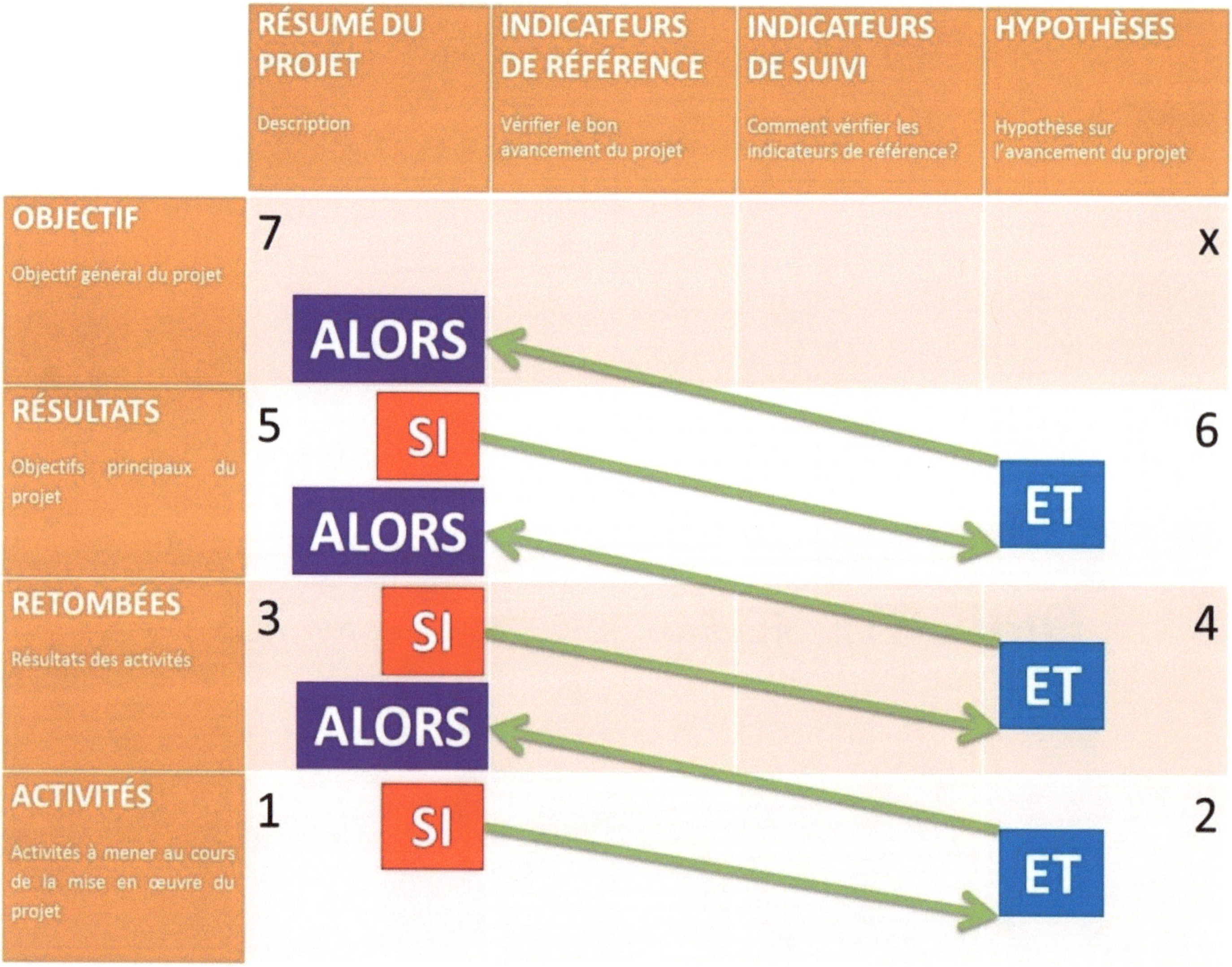

	RÉSUMÉ DU PROJET Description	INDICATEURS DE RÉFÉRENCE Vérifier le bon avancement du projet	INDICATEURS DE SUIVI Comment vérifier les indicateurs de référence?	HYPOTHÈSES Hypothèse sur l'avancement du projet
OBJECTIF Objectif général du projet	7 ALORS			X
RÉSULTATS Objectifs principaux du projet	5 SI ALORS			6 ET
RETOMBÉES Résultats des activités	3 SI ALORS			4 ET
ACTIVITÉS Activités à mener au cours de la mise en œuvre du projet	1 SI			2 ET

Cas pratique

Voici l'analyse de projet pour l'association ABCD :

1) L'arbre des causes

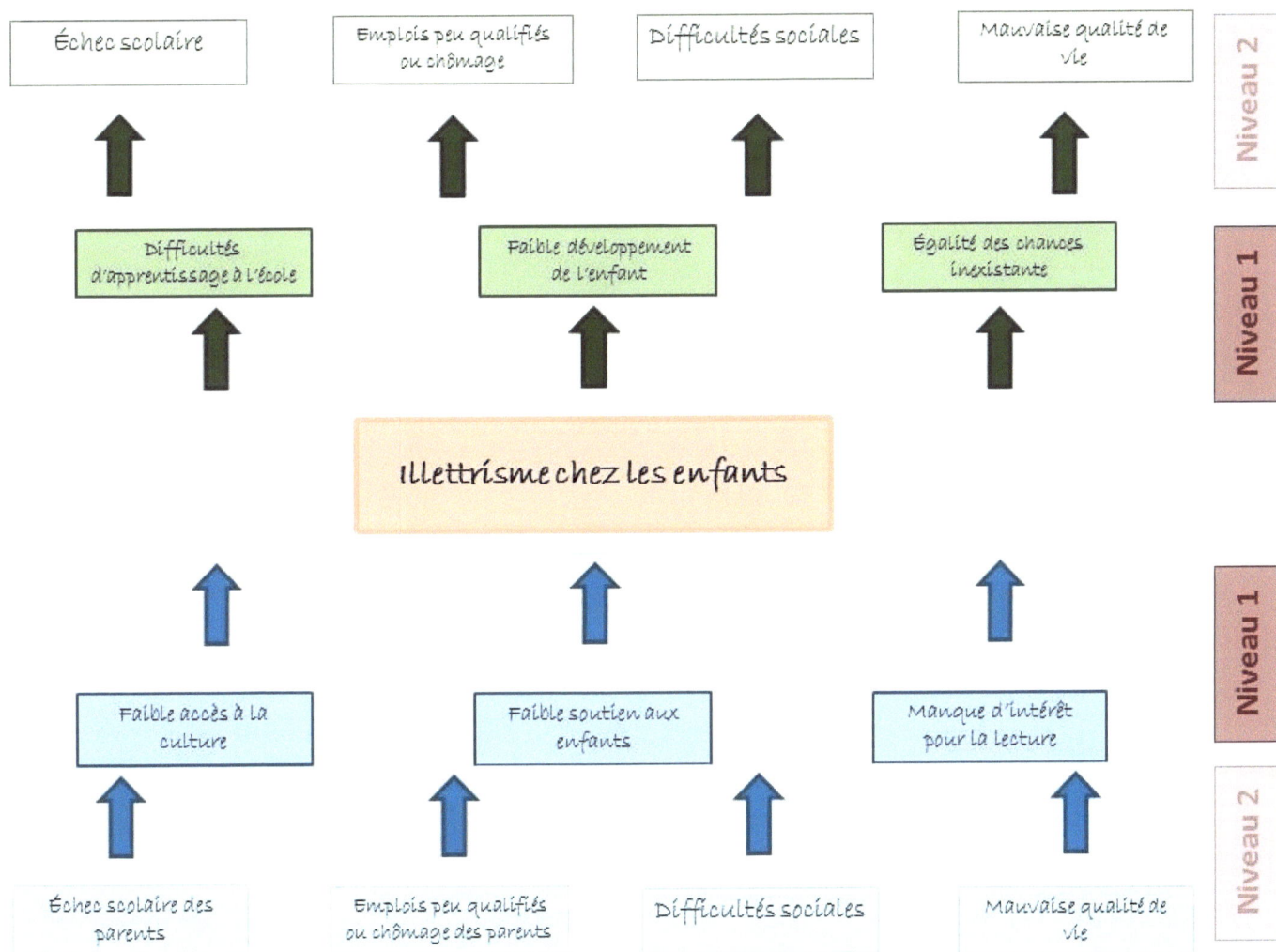

| Échec scolaire | Emplois peu qualifiés ou chômage | Difficultés sociales | Mauvaise qualité de vie | Niveau 2 |

| Difficultés d'apprentissage à l'école | | Faible développement de l'enfant | | Égalité des chances inexistante | Niveau 1 |

Illettrisme chez les enfants

| Faible accès à la culture | Faible soutien aux enfants | Manque d'intérêt pour la lecture | Niveau 1 |

| Échec scolaire des parents | Emplois peu qualifiés ou chômage des parents | Difficultés sociales | Mauvaise qualité de vie | Niveau 2 |

L'illettrisme chez les enfants

ARTICLES DE PRESSE

Face à l'illettrisme, enfants et parents apprennent ensemble, La Vie, 11/09/2014

L'illettrisme prend souvent racine dès l'enfance, et même dès la petite enfance. Souvent les instituteurs conseillent que l'enfant soit confronté à la lecture, à l'écriture ou au calcul. « Parfois on ne se rend pas compte de l'impact que peut avoir ce conseil : "Il est bon de lire un livre ou une histoire tous les soirs à son enfant". On est persuadé du bien fondé d'un tel conseil, sauf que parfois nous sommes face à des parents illettrés. Ces personnes se retrouvent alors condamnées à une double peine : elles ne savent pas lire et, indirectement, elles ont l'impression de ne pas pouvoir accompagner leur enfant sur le chemin de la réussite scolaire », souligne encore Éric Nedelec.

Lutte contre l'illettrisme : ne pas relâcher la vigilance, Le Journal de Saône-et-Loire, 15/02/2015

Pour éviter qu'une personne et précisément un enfant se retrouve en situation d'illettrisme, Hugues Lenoir préconise la prévention. À ce titre, il juge que de familiariser l'enfant avec les livres et les jeux est un bon moyen. Les nouveaux modes de communication, réseaux sociaux et autres, de plus en plus présents, le sentiment de honte, la pédagogie, le chemin de l'apprentissage ont également été évoqués lors de cette rencontre qui s'est déroulée en présence d'une soixantaine de personnes.

Une dictée contre l'illettrisme le 7 mars, Le Maine libre, 24/02/2015

Le club service du Rotary de La Ferté-Bernard et de Nogent-le-Rotrou participera à l'opération nationale "Une dictée contre l'illettrisme".

L'organisation fertoise a retenu la date du 7 mars pour faire la dictée à tous, adultes et enfants à partir de 13 ans, et sensibiliser les plus jeunes.

La manifestation se déroulera à la salle polyvalente Beauregard de Cherré, à 14 heures. L'inscription se fait sur place et la participation est gratuite.

Possibilité de faire un don à l'Agence nationale de lutte contre l'illettrisme.

Lutte contre l'illettrisme: à Loos, Écrivons l'avenir redonne le goût des mots, La Voix du Nord, 04/03/2015

Du soutien scolaire à l'alphabétisation, les bénévoles, souvent étudiants ou retraités, donnent des cours particuliers. « Bien souvent, les parents viennent avec leurs enfants. Comme ça, les grands apprennent à lire et les petits font leurs devoirs », explique Sophie. «Être seul avec l'apprenant permet de s'adapter et d'être le plus efficace possible. Nous avons par exemple remarqué qu'un élève de sixième avait de grosses lacunes en orthographe. Nous lui avons donc proposé de venir tous les jours pendant les vacances pour travailler à fond. »

PROJETS SIMILAIRES DÉJÀ MENÉS

Fondation SNCF

Des mots pour les yeux, des mots pour les oreilles, Association AVENIR ENFANCE à Lille (59)
subvention : 6000€

AVENIR ENFANCE mobilise 150 enfants d'un quartier défavorisé de Lille dans la création d'un livre-CD avec la participation des parents et des habitants.

Fondation de France

Le Plaisir de lire, École du livre de jeunesse à Montreuil (93)

En couplant l'utilisation de livres numérisés, projetés en grand format sur un mur ou un écran, à la technologie Kinect, équipée de capteurs de mouvement et d'interfaces de contrôle, la Biblioconnection constitue un moyen ludique, accessible et interactif d'approcher le livre et l'écrit : les pages se tournent et les fonctionnalités du livre s'activent au gré des mouvements. Cela s'avère particulièrement utile pour les enfants et les adolescents mal à l'aise avec la lecture.

Cofinancement européen

PROJET ERASMUS+ "L'Avenir de la lecture et de l'Ecriture dans un contexte numérique"

Il rassemble 10 partenaires européens, dont 2 lycées du Var : le Lycée Saint-Exupéry de Saint-Raphaël et le lycée du Golfe Hôtel de Hyères. Dans notre ville, le projet s'articule autour de 3 axes principaux :
1. Un partenariat avec la Médiathèque de Saint-Raphaël
2. Des expérimentations sur "Les pratiques de lecture des adolescents de 15-18 ans" (lecture traditionnelle "papier" / lecture numérique).
3. Un échange entre notre lycée et un lycée situé en Roumanie, dans la ville de PIATRA NEAMT.

*L'action se déroulera sur deux années, entre novembre 2014 et octobre 2016. Dans tous les pays concernés, des actions sont prévues autour des thèmes suivants : - **Quelles pratiques de lecture de nos adolescents ?** et plus largement : **Quelle place pour la lecture numérique dans la société de demain ?**.*

Projet européen "Comenius Regio" "Nos contes dans nos langues"

Ce projet s'est déroulé sur deux ans, mettant en relation de nombreux partenaires, territoriaux et institutionnels des deux régions concernées, le val d'Aoste en Italie et la région Languedoc–Roussillon.
Ce projet a permis à travers différentes rencontres d'élaborer un outil bi-plurilingue.

A tour de rôle, pendant 3 ou 4 jours, les élèves des classes concernées amènent à la maison un sac qui contient :
- *un livre bilingue pour enfants,*
- *un CD du livre lu dans plusieurs langues,*
- *un jeu en lien avec le livre pour toute la famille,*
- *une surprise en rapport avec le livre,*
- *et un glossaire de mots-clefs de l'histoire à traduire dans la langue de la famille*

POLITIQUES DE L'ONU, DE L'UE ET DU GOUVERNEMENT FRANÇAIS

INTERNATIONAL

UNESCO

L'alphabétisation est un droit humain, un outil d'autonomisation personnelle et un facteur de développement social et humain. L'alphabétisme permet l'accès à l'éducation.

L'alphabétisation est au cœur de l'éducation de base pour tous ; elle est essentielle pour éliminer la pauvreté, réduire la mortalité infantile, freiner la croissance démographique, instaurer l'égalité des genres et assurer le développement durable, la paix et la démocratie. »

Tous les ans au mois de septembre a lieu la Journée internationale de l'alphabétisation.

UNION EUROPÉENNE

Parlement européen, Rapport du 15 janvier 2002 sur l'illettrisme et l'exclusion sociale

« [...] considérant qu'il est un droit fondamental de savoir lire et écrire, considérant que la possibilité d'apprendre à lire et à écrire devrait être offerte à tous en tant que droit fondamental, et que professeurs et parents devraient reconnaître leur obligation de veiller à ce que cette chance soit saisie par tous, considérant que la lutte contre l'illettrisme est incontournable parce qu'elle réalise et renforce la liberté individuelle et permet l'accès égal de tous aux droits fondamentaux, considérant que la lutte contre l'analphabétisme non seulement incombe aux pédagogues et aux enseignants, mais doit également être un engagement de toute la société dans son ensemble et de toutes les administrations publiques en particulier, et rappelant aux États membres les responsabilités que les traités leur confient en ce qui concerne le contenu et l'organisation du système éducatif, considérant que l'Union doit soutenir la coopération entre les États membres et promouvoir les échanges de meilleures pratiques, d'approches novatrices et évaluer les résultats avec les acteurs et les personnes concernées, [...] »

FRANCE

Ministère de l'éducation nationale, de l'enseignement supérieur et de la recherche

La lutte contre l'illettrisme est une priorité nationale. L'éducation nationale est l'un des acteurs majeurs en matière de prévention des difficultés de lecture et d'écriture. La refondation de l'École, les dispositifs d'accompagnement à la scolarité et le soutien porté aux associations et mouvements d'éducation populaire permettent d'avancer dans ce domaine.

Journée Défense et Citoyenneté 2013 : des difficultés en lecture pour un jeune Français sur dix

Note d'information - avril 2014 - Éducation nationale

Les acquis en lecture sont très fragiles pour 9,6 % de jeunes de 17 ans qui, faute de vocabulaire, n'accèdent pas à la compréhension des textes.

Les jeunes les plus en difficulté représentent 4,1 % de l'ensemble. Outre un déficit important de vocabulaire, ils n'ont pu installer les mécanismes de base de la lecture et consacrent leur attention à la reconnaissance des mots plutôt qu'à leur sens. Ils peuvent être considérés en situation d'illettrisme, selon les critères de l'Agence nationale de lutte contre l'illettrisme (ANLCI).

La lecture reste une activité laborieuse pour 8,6 % des jeunes : ils parviennent à compenser des acquis limités pour accéder à une compréhension minimale des textes.

Les jeunes en difficulté de lecture sont de moins en moins nombreux à mesure que s'élève leur niveau d'études. Près de 80 % d'entre eux n'ont pas dépassé le collège ou un cursus professionnel.

Les jeunes en grande difficulté de lecture sont plus fréquemment des garçons : leur part atteint 11,1 %, contre 8,1 % de filles. Alors que leurs performances lexicales sont égales à celles des filles, les garçons réussissent moins bien les épreuves de compréhension. Ces différences s'observent surtout aux niveaux d'étude les moins élevés.

Ados : zéro de lecture ?, *Le Monde*, 29/11/12

Toutes les études sociologiques le disent : arrivés à l'adolescence, les jeunes "décrochent", les livres leur tombent des mains. Adieu Harry Potter, dégagés Buffy et ses vampires, Fantômette ou Sabrina ! Place aux copains, à la musique, aux longues séances devant l'ordinateur... Selon une enquête réalisée sous l'égide du ministère de la culture et de la communication, ceux - celles, surtout - qui affirment "lire des livres tous les jours" ne sont que 33,5 % à 11 ans, ce maigre pourcentage dégringolant à 9 % quand ils arrivent à 17 ans. A cet âge, les filles sont deux fois plus nombreuses à lire que les garçons. Pire : 14,5 % des enfants de 11 ans disent "ne jamais ou presque jamais lire un livre" et ils sont, catastrophe ! 46,5 %, six ans plus tard, à témoigner sans fard de leur désintérêt.

Menée auprès de 4 000 jeunes, interrogés tous les deux ans, de 2002 à 2008 (à 11 ans, 13 ans, 15 ans, puis 17 ans), cette enquête pionnière a fait l'objet d'un commentaire éclairant des sociologues Christine Détrez et Sylvie Octobre, publié dans Lectures et lecteurs à l'heure d'Internet (sous la direction de Christophe Evans, Cercle de la librairie, 2011). "Avec l'avancée en âge, les enfants lisent moins et se détournent des lieux et supports de lecture - et l'adolescence apparaît comme le moment-clé de cet éloignement", observent les auteurs.

Prévenir et lutter contre l'illettrisme

Agence nationale de lutte contre l'illettrisme - 2009

On a beaucoup d'idées reçues sur les personnes en situation d'illettrisme, dans une société où la reconnaissance se fonde trop souvent sur la seule réussite scolaire, et sans tenir compte des compétences acquises tout au long de la vie. Pour ne pas stigmatiser ceux qui sont confrontés à cette situation, il faut trouver le moyen de leur redonner confiance, pour qu'ils osent prendre le risque de réapprendre.

C'est une situation qu'il faut tenter de prévenir le plus possible car l'illettrisme prend souvent racine dès l'enfance, et même la petite enfance. Il s'agit de préparer l'entrée dans les premiers apprentissages, de conforter et de consolider les compétences de base tout au long de la scolarité obligatoire, mais aussi tout au long de la vie.

Sans être nécessairement synonyme d'exclusion, l'illettrisme peut isoler et freiner l'insertion sociale, l'accès à l'emploi et la mobilité professionnelle de ceux qui y sont confrontés. C'est une entrave au progrès individuel et collectif. Mais c'est une situation dont on peut sortir. Des hommes et des femmes de tous les âges et qui vivent dans des contextes très différents y sont confrontés ; les situations de rupture (échec scolaire, travail, santé, famille...) peuvent contribuer à cet effritement des connaissances, mais des solutions appropriées pour remettre en route les processus d'apprentissage existent pour tous.

C'est pourquoi il faut agir sur tous les fronts, à tous les âges de la vie, au plus près des personnes et des territoires, de manière coordonnée et pérenne si l'on veut vraiment prévenir et résorber l'illettrisme. Etre illettré, c'est ne pas disposer, après avoir été pourtant scolarisé, des compétences de base (lecture, écriture, calcul) suffisantes pour faire face de manière autonome à des situations courantes de la vie quotidienne : écrire une liste de courses, lire une notice de médicament ou une consigne de sécurité, rédiger un chèque, utiliser un appareil, lire le carnet scolaire de son enfant, entrer dans la lecture d'un livre...

Agir contre l'illettrisme, c'est permettre à chacun d'acquérir ou de réacquérir ce socle fonctionnel, cette base de la base en lecture, écriture et calcul, ces compétences de base nécessaires aux actes simples de la vie quotidienne, pour être plus autonome dans sa vie familiale, professionnelle et citoyenne.

Lecture des 7-15 ans - Etude Gallimard Jeunesse et Ipsos Media CT - 2012

Les enfants utilisent la télévision (89%), l'ordinateur (81%), la console de jeux (mobile 69%, salon 67%).

11% des 7-15 ans utilisent une tablette mais seulement 1% utilisent une liseuse électronique.

Au moins une fois par semaine, les 7-15 ans lisent un livre (71%), une BD ou un manga (52%) ou un magazine ou un journal (47%). Une baisse importante se produit après 12 ans.

ORGANISATIONS EXPERTES

Agence Nationale de Lutte Contre l'Illettrisme (ANLCI)

L'ANLCI a pour mission de produire ce qui manque et peut être utile à tous pour que la prévention et la lutte contre l'illettrisme changent d'échelle.

Elle produit des données, des repères et élabore des outils communs pour les acteurs dans le but de renforcer l'efficacité collective, de gagner du temps et de la cohérence. En d'autres termes, elle fournit ce que chacun ne pourrait produire seul, dans son propre champ d'intervention, et met à la disposition de tous le fruit de ce travail construit en commun.

L'action de l'ANLCI couvre trois domaines centraux : la mesure de l'illettrisme, l'organisation du partenariat, l'outillage.

La Croix-Rouge française

Plus de 3 millions de personnes sont en situation d'illettrisme et bien plus sont en difficultés avec la langue française. Bien conscientes de leurs difficultés, fragilisées, elles souffrent d'un complexe certain et d'exclusion.

Leur apprendre à lire, écrire et compter et ainsi à développer une certaine autonomie, telle est la mission des bénévoles de la Croix-Rouge engagés dans la lutte contre l'illettrisme.

Résumé

L'illettrisme, en particulier chez les enfants, reste une problématique en France. La lutte contre l'illettrisme a même été déclarée « Grande cause nationale » en 2013.

À l'âge de 17 ans, 9,6% des jeunes ne sont pas capables de comprendre pleinement un texte faute de vocabulaire suffisant. Parmi les jeunes en difficulté, 80% ont arrêté leur scolarité après le brevet ou une formation professionnelle. À 11 ans, seulement 33,5% des jeunes lisent des livres quotidiennement contre 9% à 17 ans. 14,5% des enfants âgés de 11 ans ne lisent jamais ou très rarement un livre, contre 46,5% à 17 ans.

De nombreux projets ont été mis en place pour notamment encourager les jeunes à lire et mettre en place des pratiques innovantes pour y parvenir. Certaines d'entre elles mettent l'accent sur les nouvelles technologies et les livres électroniques pour attirer les jeunes qui les utilisent quotidiennement. Certains projets ont voulu impliquer l'entourage de l'enfant pour permettre que la lecture fasse partie de son quotidien. Nous pouvons citer le projet européen cofinancé par le programme Comenius Regio, "Nos contes dans nos langues", au cours duquel les enfants ont pu ramener régulièrement chez eux un kit complet pour partager le plaisir de lire avec leur famille.

La lutte contre l'illettrisme est une priorité dans les différentes politiques internationale, européenne et nationale car elle permettra de limiter l'exclusion sociale des personnes concernées si elle est menée efficacement. La maîtrise des compétences de base en lecture, en écriture et en calcul est essentielle pour accéder à un niveau de vie correct et à l'emploi. Il est important de s'intéresser aux enfants les plus jeunes pour leur permettre de s'intégrer dans la société et d'avoir accès, plus tard, à un emploi qualifié.

En France, les organisations actives dans le domaine de la lutte contre l'illettrisme sont, entre autres, l'Agence Nationale de Lutte Contre l'Illettrisme (ANLCI), la Croix-Rouge française, la Ligue de l'enseignement, le Syndical national de l'édition, et le programme Lire et faire lire.

INTERNE	**ATOUTS** A • Expérience approfondie avec les enfants • Résultats positifs au niveau local • Réseau local solide	**FAIBLESSES** F • Manque d'innovation dans la méthode • Besoin d'un nouveau partenariat plus efficace • Manque d'expérience dans le montage et la gestion de projet	**INTERNE**
EXTERNE	**OPPORTUNITÉS** O • Forte demande des parents • Partage de bonnes pratiques avec les partenaires • Soutien du gouvernement et de l'Union européenne (priorité)	**MENACES** M • Manque d'intérêt des enfants • Manque de visibilité du projet • Manque de durabilité des résultats obtenus	**EXTERNE**

Cas pratique

4) Le cadre logique

	RÉSUMÉ DU PROJET Description	INDICATEURS DE RÉFÉRENCE Vérifier le bon avancement du projet	INDICATEURS DE SUIVI Comment vérifier les indicateurs de référence?	HYPOTHÈSES Hypothèse sur l'avancement du projet
OBJECTIF Objectif général du projet	• Emplois mieux qualifiés • Diminution du chômage • Qualité de vie améliorée	• Taux et pourcentages	• Sondages	
RÉSULTATS Objectifs principaux du projet	• Diminution de l'échec scolaire • Education de meilleure qualité	• Taux et pourcentages	• Sondages	Les enfants poursuivent leurs études, même après l'obtention d'un diplôme.
RETOMBÉES Résultats des activités	• Les enfants améliorent leurs capacités • Meilleurs résultats scolaires • Les enfants gagnent en confiance	• Résultats scolaires • Assiduité scolaire	• Résultats des examens • Niveau d'échec scolaire au sein de l'école	Les enfants ont plus d'intérêt pour l'école.
ACTIVITÉS Activités à mener au cours de la mise en œuvre du projet	• Ateliers à l'école et avec les parents • Déplacements à la bibliothèque • Venues d'un conteur professionnel à l'école • Correspondance entre les écoles	• Nombre d'élèves impliqués • Nombres d'activités • Intérêt des enfants pour les activités	• Relevés de présence • Inscriptions des enfants à la bibliothèque • Nombre de lettres échangées entre les écoles	Les parents sont intéressés par les activités et soutiennent leurs enfants.

3 Comment identifier les sources de cofinancement

Chaque euro compte.

Une fois que l'analyse de votre projet a été menée et que ses objectifs et ses activités ont été identifiés, il vous sera plus facile de trouver des subventions potentielles.

La meilleure source de financement reste évidemment vos ressources propres mais il reste assez difficile de financer seul un projet dans son ensemble. La plupart des cofinanceurs vous demanderont de financer un pourcentage minimum de votre projet et éventuellement de faire appel à d'autres subventions.

En conséquence, vous devrez adapter l'envergure de votre projet à la taille de votre organisation et à ses moyens financiers. Votre organisation doit être en mesure de remplir les conditions fixées par les cofinanceurs, et ce jusqu'à la fin du projet.

Il existe de nombreuses possibilités de cofinancement à un niveau local, national, européen ou international. Dans ce chapitre, vous apprendrez à identifier les différentes thématiques couvertes par votre projet et à trouver des subventions potentielles en lien avec celles-ci.

Note

Vous avez peut-être choisi de monter votre projet selon un programme de cofinancement particulier ou une subvention dans un certain domaine. Si votre projet est à petite échelle, vous pouvez passer cette étape. Sinon, il peut être intéressant pour vous de trouver des possibilités de cofinancement supplémentaires*. Dans ce cas, vous pouvez découper votre projet en différentes parties, c'est-à-dire en lien avec les thématiques couvertes ou selon le calendrier de mise en œuvre du projet.

* Additionner différentes sources de financement pour un même projet s'appelle le cofinancement, ce qui signifie que votre organisation recevra un certain pourcentage de subventionnement de la part d'un cofinanceur sur le budget total du projet et vous devrez financer le reste.

Exemple : *Le coût total du projet est égal à 100%. L'Union européenne vous donnera 60%. La Fondation de France vous donnera 20% et vous financerez les 20% restants avec vos ressources propres.*

1/ Le brainstorming

Le brainstorming vous aidera à identifier les différentes thématiques dans lesquelles votre projet interviendra pendant sa mise en œuvre. Pour chaque thème, vous devez réfléchir sur les retombées de votre projet. N'hésitez pas à voir sur le long terme !

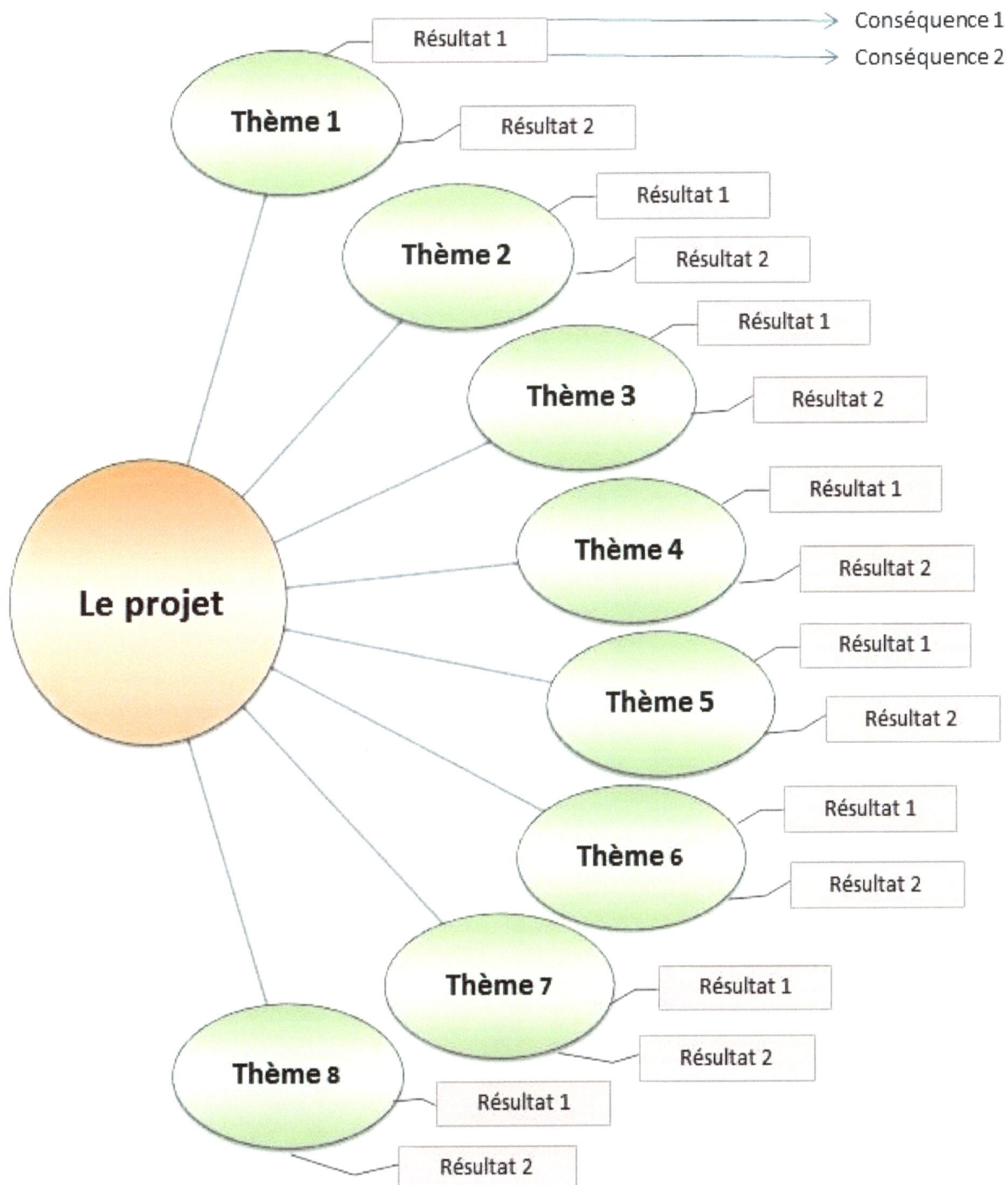

Cas pratique

Voici le brainstorming réalisé pour le projet de l'association ABCD :

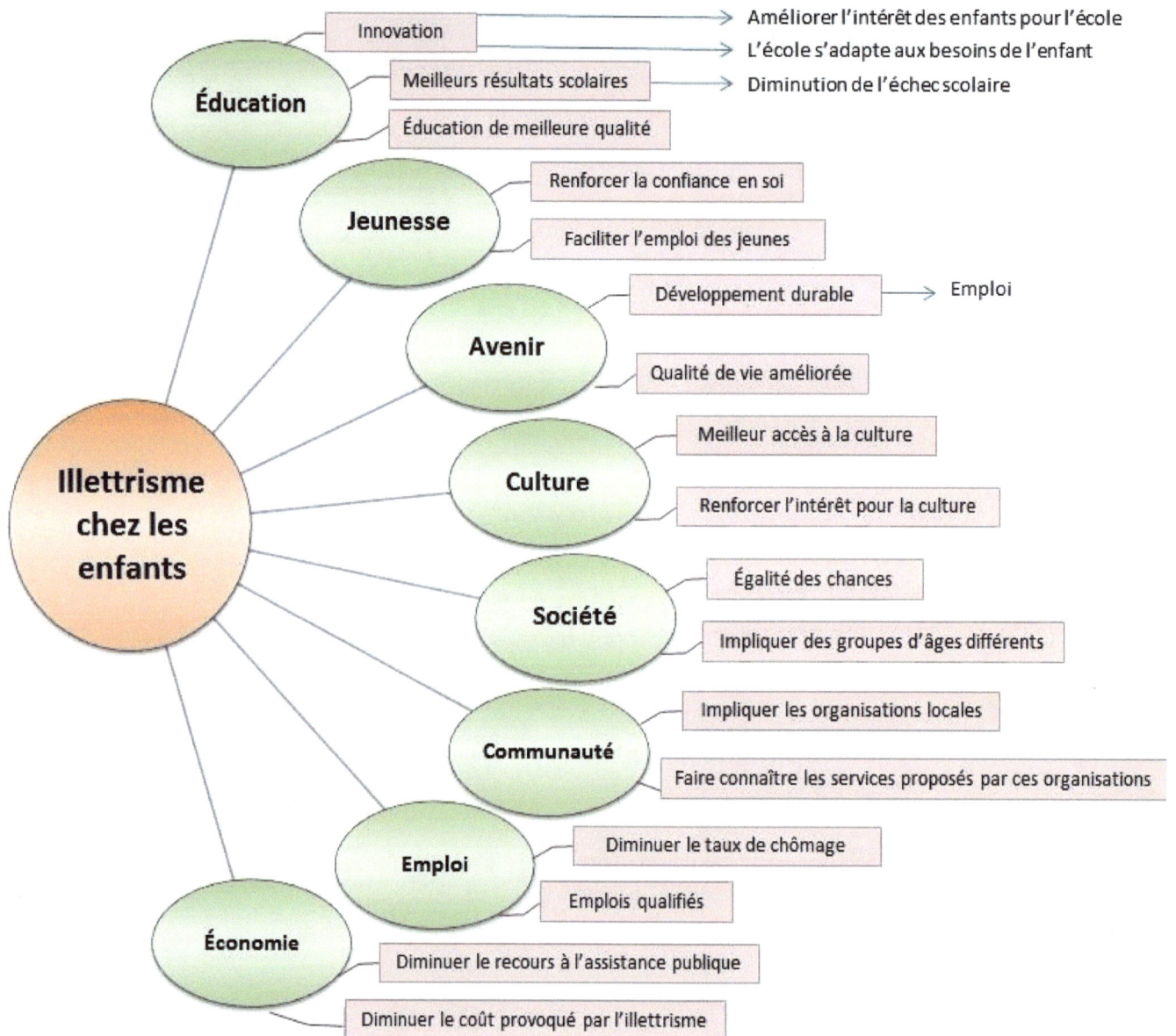

Illettrisme chez les enfants

Éducation
- Innovation → Améliorer l'intérêt des enfants pour l'école
- → L'école s'adapte aux besoins de l'enfant
- Meilleurs résultats scolaires → Diminution de l'échec scolaire
- Éducation de meilleure qualité

Jeunesse
- Renforcer la confiance en soi
- Faciliter l'emploi des jeunes

Avenir
- Développement durable → Emploi
- Qualité de vie améliorée

Culture
- Meilleur accès à la culture
- Renforcer l'intérêt pour la culture

Société
- Égalité des chances
- Impliquer des groupes d'âges différents

Communauté
- Impliquer les organisations locales
- Faire connaître les services proposés par ces organisations

Emploi
- Diminuer le taux de chômage
- Emplois qualifiés

Économie
- Diminuer le recours à l'assistance publique
- Diminuer le coût provoqué par l'illettrisme

2/ Trouver les fonds

Pour cette prochaine étape, internet sera votre meilleur allié. Vous avez trois possibilités pour obtenir des fonds pour votre projet :

1)   Vos ressources propres,

2)   Les subventions nationales ou de fondations,

3)   Les programmes de cofinancement européens ou internationaux.

Les ressources propres sont le moyen le plus simple de financer votre projet et vous aurez la possibilité de gérer votre budget comme bon vous semble.

Mais tout le monde n'a pas les moyens de financer son projet seul. C'est pourquoi vous aurez besoin de déposer des demandes de subventions. Dans un premier temps, vous pouvez rechercher des possibilités de cofinancement au niveau local et national sur internet en utilisant des mots-clés en lien avec la thématique de votre projet, par exemple « *jeunesse éducation france* » ou « *culture subventions picardie* ». N'hésitez pas à contacter les organisations proposant les subventions pour plus d'informations et à vous rendre à des réunions dédiées aux subventions qui vous intéressent. Il peut être utile de faire connaître votre organisation et votre projet aux cofinanceurs potentiels et ainsi obtenir de précieux conseils.

En ce qui concerne les subventions européennes, il existe une quarantaine de programmes de cofinancement comprenant chacun différents sous-programmes, selon les thématiques couvertes. Vous trouverez sur la page suivante un tableau reprenant les principaux programmes européens.

Programmes et fonds européens pour la période 2014-2020

Compétitivité pour la croissance et l'emploi

Mécanisme pour l'interconnexion en Europe	Énergie, transports et télécommunications
Compétitivité des entreprises et des PME (COSME)	Commerce, entreprises et PME
Douanes, fiscalité et lutte contre la fraude	Douane et fiscalité, lutte contre la fraude
Programme pour l'emploi et l'innovation sociale	Emploi, affaires sociales, inclusion sociale
Erasmus+	Jeunesse, éducation, formation, sport
Horizon 2020	Recherche et développement, innovation

Cohésion économique, sociale et territoriale

FEDER	Développement durable, emploi, recherche et innovation, environnement, entreprises et PME
Coopération territoriale (INTERREG)	Soutenir la coopération entre les régions à travers l'UE pour trouver des solutions à des problématiques communes
FSE	Emploi, affaires sociales, formation, inclusion sociale, non-discrimination
Initiative pour l'emploi des jeunes (IEJ)	

Croissance durable: ressources naturelles

FEAMP	Pêche, aquaculture, développement local
FEADER	Agriculture, environnement, économie rurale
Programme Life	Environnement, nature et biodiversité, climat

Sécurité et citoyenneté

Fonds Asile, migration et intégration	Asile, immigration, intégration des personnes, flux migratoires
Programme Consommateurs	Droits des consommateurs, protection des consommateurs, sécurité des produits
Europe créative	Arts, culture, création artistique, audiovisuel
L'Europe pour les citoyens	Citoyenneté européenne, mémoire, jumelage entre villes européennes
Denrées alimentaires et aliments pour animaux	Sécurité sanitaire des aliments, santé et bien-être des animaux, santé et matériel de reproduction des végétaux, alimentation
Santé	Santé, accès aux soins, systèmes de santé
Fonds pour la sécurité intérieure	Sécurité, frontières extérieures, police, lutte contre la criminalité
Programme Justice	Justice, droit, lutte contre la drogue
Droits, égalité et citoyenneté	Lutte contre les inégalités et les violences, non-discrimination, protection des citoyens européens, justice

Cas pratique

Grâce au brainstorming, l'association ABCD a identifié les thèmes suivants pour son projet : éducation, jeunesse, avenir, culture, société, communauté, emploi, économie. Le thème central du projet est « l'illettrisme chez les enfants ».

Trois fondations ont été identifiées après une recherche sur internet :

1/ FONDATION SNCF	2/ FONDATION CRÉDIT MUTUEL	3/ FONDATION DE FRANCE
« L'objectif de la mobilisation de la Fondation SNCF : donner le goût de lire, d'écrire, de compter et de s'exprimer pour permettre aux jeunes de se construire en toute autonomie »	– *Développer un programme de prévention de l'illettrisme à destination des tout-petits et des familles,* – *Soutenir des actions de lutte contre l'illettrisme.*	– *Prévenir les risques d'exclusion sociale et d'isolement,* – *Lutter contre la précarité,* – *Soutenir les enfants et leur famille en difficulté par des actions innovantes,* – *Promouvoir une approche globale de l'accompagnement des familles*
« Prévenir l'illettrisme en donnant le goût des mots. Favoriser l'apprentissage des savoirs de base dès **la petite enfance (jusqu'à 6 ans) et leur consolidation durant les années collèges (11-15 ans) »**.	– Actions favorisant la pédagogie et la promotion de la lecture, – Initiatives menées en partenariat, – Actions de terrain qui s'inscrivent dans la durée.	– Accompagnement des enfants et de leur famille, – Analyse et diffusion des pratiques professionnelles, – Recherche et évaluation
Le cofinancement est souhaité, en particulier pour les subventions plus importantes.	Non précisé	Le cofinancement est exigé.

Le projet de l'association ABCD se rapproche le plus des critères de sélection de la Fondation de France.

Concernant les programmes européens, l'association ABCD a identifié trois possibilités :

1/ EUROPE CRÉATIVE	2/ ERASMUS +	3/ DROITS, ÉGALITÉ ET CITOYENNETÉ
Culture and création artistique.	Jeunesse, éducation, formation des adultes, formation formelle et informelle des jeunes, sport.	Rendre réels les droits et libertés des personnes. Comprend les « droits des enfants ».
"Projets de coopération européenne", Projets de coopération d'envergure réduite.	Action-clé 2, Partenariats stratégiques.	« Renforcer la coopération européenne pour la justice et le respect des droits à travers un réseau de professionnels, d'ONG et de décideurs politiques »
1 Porteur de projet + 2 partenaires dans 3 pays différents.	Minimum 2 organisations de 2 pays-programme différents.	Non précisé.
Éligibilité: organisations actives dans le milieu de la culture et de la création artistiques.	Éligibilité: organisations actives dans le domaine de l'éducation, de la jeunesse, de la formation, ou des secteurs socio-économiques.	« L'accès au programme doit être possible à toutes les entités légalement établies dans les Etats membres, les pays de l'AELE, etc. »
Maximum 200 000 € = maximum 60% du budget total éligible.	Maximum 150 000 € par an (soit 12 500 € par mois).	Non précisé.

Le programme ERASMUS + est celui qui correspond le mieux au projet de l'association ABCD.

Comment adapter le projet aux critères du cofinanceur potentiel

Encore un effort...

Tout d'abord, vous devez savoir que le cofinancement doit être complémentaire : une même activité ne peut pas être cofinancée par deux subventions différentes. C'est pour cette raison que votre projet peut être découpé en différentes parties selon les bénéficiaires, les activités, le domaine d'activité, ou le planning de mise en œuvre du projet. Vous devez identifier les critères d'éligibilité de chaque programme avant de pouvoir adapter votre projet. Les critères les plus fréquents sont les suivants :

Priorités, stratégies — Quel est le type de projet soutenu ?

Candidature — Quelles organisations peuvent candidater ? — Où et comment candidater ?

Partenariat — Quelles organisations peuvent devenir partenaires ? — Combien de partenaires sont demandés ?

Activités — Quels types d'activités sont soutenus ?

Échéance — Quelle est la durée requise pour le projet ? — Quelles sont les dates de début et de fin des activités ?

Localisation — Dans quels pays les candidats doivent-ils être établis ? — Où les activités doivent-elles avoir lieu ?

Conditions de financement — Est-il possible de cumuler les subventions en plus de l'autofinancement ? — Quelle forme aura la subvention (pourcentage, forfait) ?

Bénéficiaires — Quels sont les bénéficiaires éligibles ?

Dates limites — Quelle est la date limite pour soumettre sa demande ?

Il faut vérifier les critères de chaque programme pour lequel vous prévoyez de déposer une candidature. Ensuite, vous devez confronter ces critères les uns avec les autres.

À la fin de cet exercice, votre projet prendra une forme définitive, même si quelques changements restent envisageables pendant la préparation de la demande de subvention.

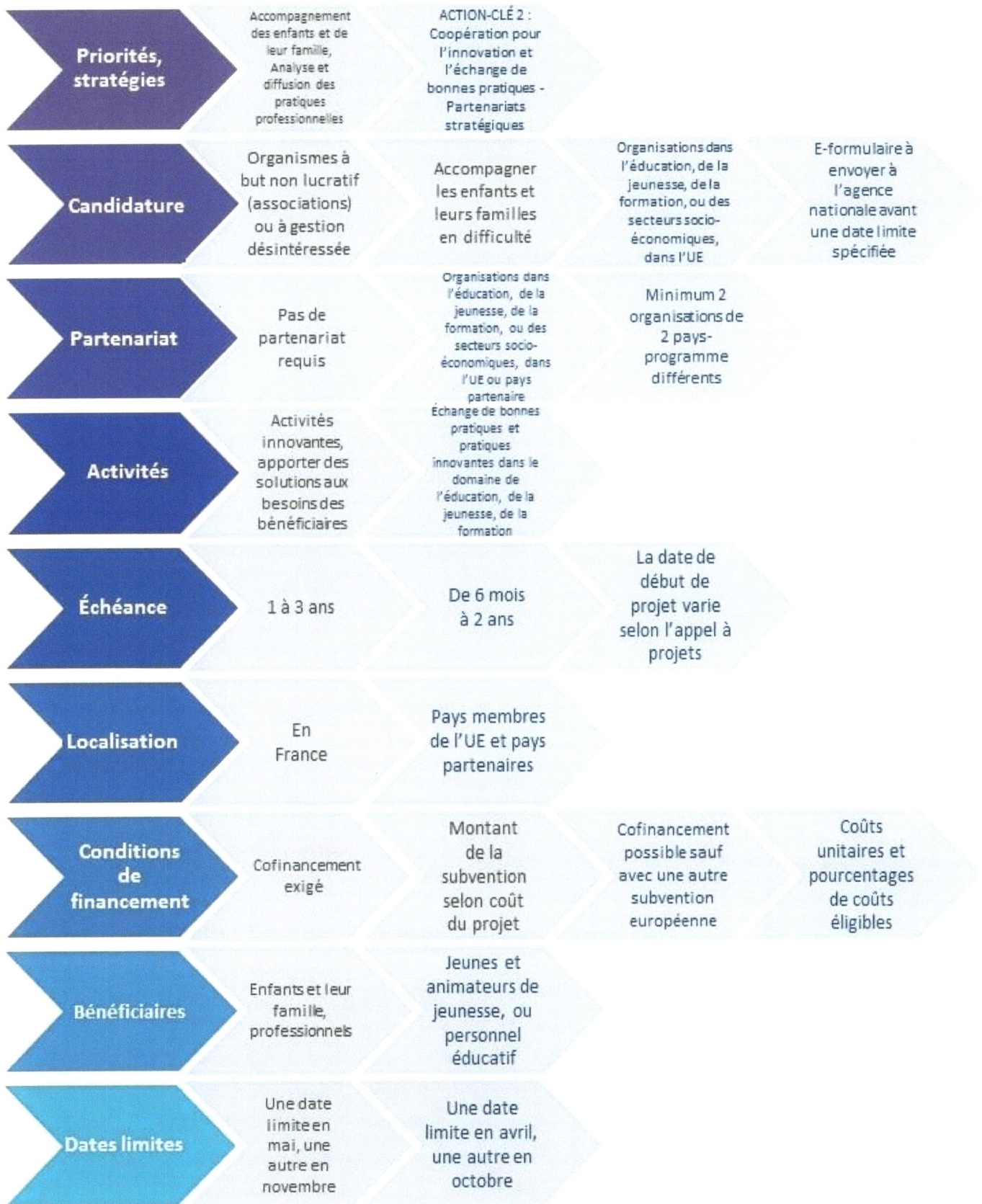

Cas pratique

	FONDATION DE FRANCE	ERASMUS +		
Priorités, stratégies	Accompagnement des enfants et de leur famille, Analyse et diffusion des pratiques professionnelles	ACTION-CLÉ 2 : Coopération pour l'innovation et l'échange de bonnes pratiques - Partenariats stratégiques		
Candidature	Organismes à but non lucratif (associations) ou à gestion désintéressée	Accompagner les enfants et leurs familles en difficulté	Organisations dans l'éducation, de la jeunesse, de la formation, ou des secteurs socio-économiques, dans l'UE	E-formulaire à envoyer à l'agence nationale avant une date limite spécifiée
Partenariat	Pas de partenariat requis	Organisations dans l'éducation, de la jeunesse, de la formation, ou des secteurs socio-économiques, dans l'UE ou pays partenaire	Minimum 2 organisations de 2 pays-programme différents	
Activités	Activités innovantes, apporter des solutions aux besoins des bénéficiaires	Échange de bonnes pratiques et pratiques innovantes dans le domaine de l'éducation, de la jeunesse, de la formation		
Échéance	1 à 3 ans	De 6 mois à 2 ans	La date de début de projet varie selon l'appel à projets	
Localisation	En France	Pays membres de l'UE et pays partenaires		
Conditions de financement	Cofinancement exigé	Montant de la subvention selon coût du projet	Cofinancement possible sauf avec une autre subvention européenne	Coûts unitaires et pourcentages de coûts éligibles
Bénéficiaires	Enfants et leur famille, professionnels	Jeunes et animateurs de jeunesse, ou personnel éducatif		
Dates limites	Une date limite en mai, une autre en novembre	Une date limite en avril, une autre en octobre		

5 Mettre en place un partenariat solide

La dernière étape

Selon les critères établis par le cofinanceur potentiel, un partenariat peut être requis pour obtenir une subvention. Ce sera le noyau de votre projet : pour cette raison, il faut veiller à mettre en place un partenariat de qualité. Voici quelques conseils pour vous aider :

PRÉPARER VOTRE PROJET

Développer votre idée de projet et identifiez sa problématique, les besoins auxquels il répondra, et ses objectifs (voir 2. De l'idée… au projet).

PROFIL DES PARTENAIRES

Définissez le profil de vos partenaires en fonction de ce qu'ils peuvent apporter au projet et de l'impact de leur participation. Assurez-vous que le partenariat est **complémentaire** : ne choisissez pas uniquement des organisations similaires et actives dans le même domaine. Ne formez pas votre partenariat dans le seul but de remplir des critères même si ceux-ci doivent être pris en compte.

RECHERCHER LES PARTENAIRES

Il est plus simple d'impliquer des partenaires que vous connaissez déjà. Dans le cas contraire, vous pouvez faire appel à votre réseau pour trouver une organisation pouvant être intéressée par votre projet. Des plateformes dédiées sont également disponibles sur internet.

CONTACT

Vous pouvez contacter vos partenaires potentiels une fois sélectionnés. Présentez-leur brièvement votre projet et n'oubliez pas qu'ils doivent comprendre clairement ce que leur participation apportera au projet et ce qu'ils peuvent y gagner.

PRÉPARATION DE LA CANDIDATURE

Une fois vos partenaires trouvés et prêts à être impliqués dans le projet, vous pouvez commencer à travailler ensemble sur la préparation de la demande de subvention. Vous pouvez organiser des réunions ou des vidéoconférences. Essayez d'équilibrer les activités au sein du partenariat pour vous donner une idée de votre future collaboration pour la mise en œuvre du projet.

Note

- Vérifiez que votre partenariat respecte les critères d'éligibilité,

- Un partenariat complémentaire et pertinent représentera un atout pour votre demande de subvention.

Cas pratique

L'association ABC travaille depuis plusieurs années avec une école primaire de la ville, en Picardie. Cette école sera le premier partenaire du projet.

Dans le cadre du programme européen ERASMUS+, un partenariat transnational est nécessaire. ABC a contacté la mairie qui leur a permis d'entrer en relation avec une école anglaise située dans leur ville jumelée dans l'East Sussex. Une fois le projet et ses retombées attendues présentés, l'école a accepté de devenir partenaire du projet.

Concernant le dernier partenaire, ABC recherche une association culturelle similaire à la sienne et se situant dans la même ville que l'école anglaise. Cette dernière a déjà eu l'occasion de travailler avec des conteurs professionnels membres d'une association à but non lucratif. Ils sont particulièrement attirés par l'échange de bonnes pratiques et ils sont prêts à participer au projet en tant que partenaire.

Le partenariat du projet comprendra :

- L'association à but non lucratif ABC basée en France,

- Une école primaire basée en France,

- Une école primaire basée en Angleterre,

- Une association culturelle à but non lucratif basée en Angleterre.

PRÉPARATION DE LA DEMANDE DE SUBVENTION

6 Timing et date limite

Quelques conseils avant de préparer la demande de subvention.

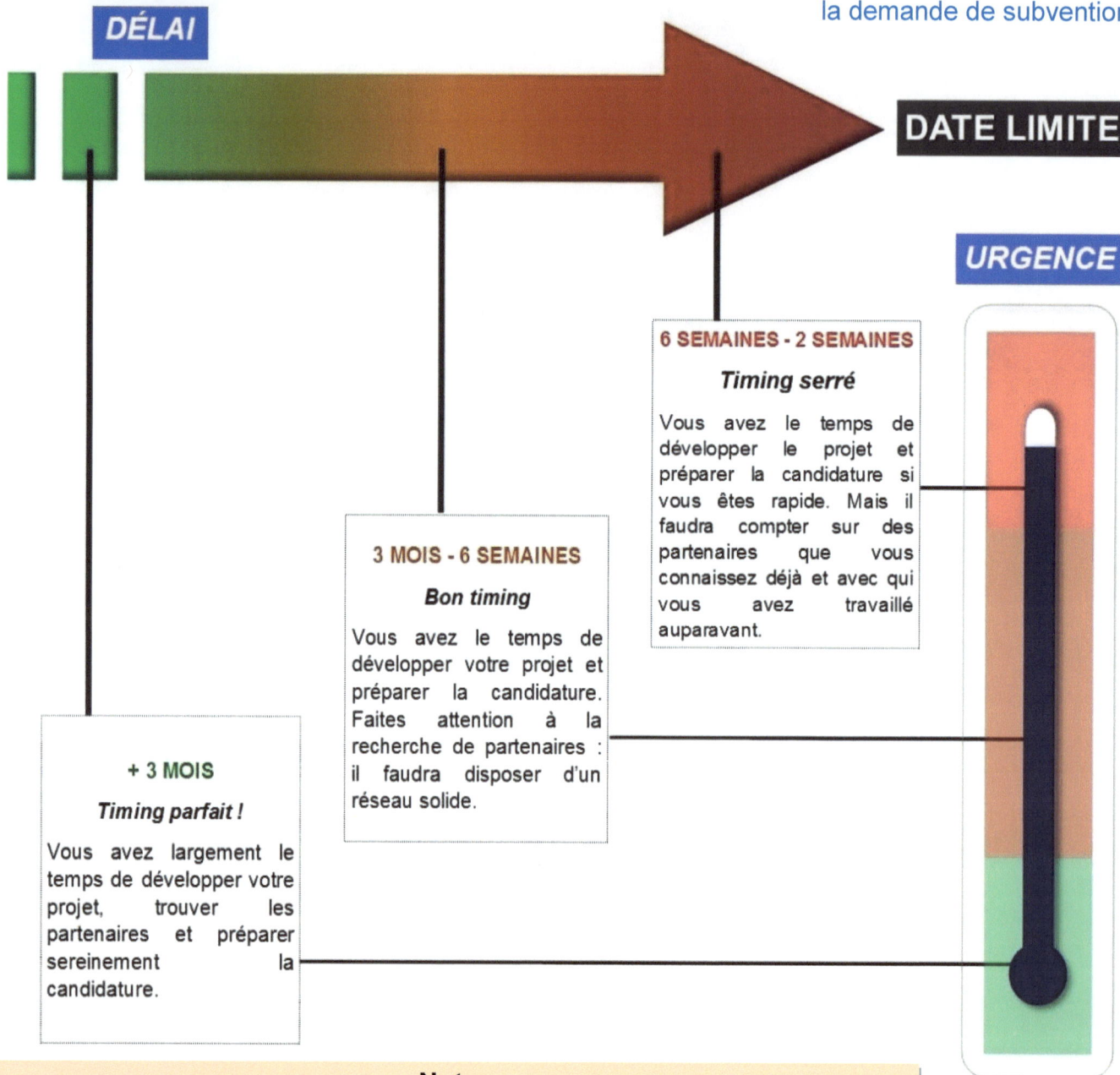

DÉLAI

DATE LIMITE

URGENCE

6 SEMAINES - 2 SEMAINES

Timing serré

Vous avez le temps de développer le projet et préparer la candidature si vous êtes rapide. Mais il faudra compter sur des partenaires que vous connaissez déjà et avec qui vous avez travaillé auparavant.

3 MOIS - 6 SEMAINES

Bon timing

Vous avez le temps de développer votre projet et préparer la candidature. Faites attention à la recherche de partenaires : il faudra disposer d'un réseau solide.

+ 3 MOIS

Timing parfait !

Vous avez largement le temps de développer votre projet, trouver les partenaires et préparer sereinement la candidature.

Note

<u>**Deux semaines avant la date limite**</u> :

- Développer un projet et préparer une candidature est risqué, à moins d'avoir déjà constitué un partenariat solide,
- Créer un projet et soumettre une demande uniquement dans le but de décrocher une subvention est une mauvaise idée : le projet doit répondre à des besoins spécifiques et à un problème clairement identifié,
- Le montage de projet est incontournable : préparez-le avec précision,
- Il peut être plus judicieux d'attendre le prochain appel à projets si vous n'êtes pas prêt.

Pour des conseils sur la gestion du temps voir

ANNEXE C : Gestion du temps : faire face à des délais serrés

7 Conseils pour la préparation de la demande de subvention

Le montage du projet est bouclé, les partenaires ont été trouvés, et un appel à projets vient d'être lancé pour le programme de cofinancement qui vous intéresse. Avant de commencer à rédiger la demande de subvention, voici quelques conseils :

1.	Avant de commencer, **vérifiez que votre projet respecte les critères d'éligibilité du cofinanceur potentiel**. Faites également attention à la **qualité du projet** : assurez-vous que le projet répondra aux attentes du cofinanceur potentiel vis-à-vis de la durabilité, de l'innovation, de l'impact et du volet transnational. Des documents officiels mis à disposition peuvent vous aider.
2.	**Téléchargez** le formulaire officiel pour la demande de subvention.
3.	**Vérifiez la ou les langue(s)** devant être utilisée(s) pour soumettre la demande. Vous pourriez avoir besoin d'aide pour la traduction (par exemple un des partenaires du projet ou un traducteur professionnel). Assurez-vous que la traduction sera de qualité et prête à temps.
4.	Concernant le contenu du projet et son volet technique : Avant de commencer à rédiger, **lisez** le formulaire et identifiez les informations demandées. Comprenez bien les consignes et listez les différentes catégories et sous-catégories du formulaire (*par exemple Partenariat du projet, Bénéficiaires du projet, Impact du projet, Mise en œuvre du projet, Communication et dissémination, Budget du projet, etc.*), cela vous aidera ensuite à retrouver les parties complétées du formulaire à un moment donné.
5.	Vérifiez les pièces justificatives demandées par le cofinanceur potentiel: • Les documents concernant le statut juridique et la capacité financière, et le RIB (si nécessaire) doivent être conservés dans un dossier spécial pour faire des copies à chaque demande de subvention, • Une déclaration sur l'honneur signée par le représentant légal de l'organisation porteuse du projet sera demandée, • Un accord de partenariat devra être signé entre le porteur de projet et chaque partenaire, • Des documents supplémentaires peuvent être demandés (planning de mise en œuvre, lettre d'intention, etc.). Vérifiez si ces documents doivent être envoyés par voie postale ou téléchargés sur une plateforme spéciale en ligne. Faites attention au délai : une date limite pour l'envoi des documents peut être mise en place.
6.	Les **partenaires devront également se présenter** dans le formulaire : envoyez-leur l'information dès que possible, demandez-leur de signer l'accord de partenariat et de remplir la partie du formulaire qui leur est dédiée. **Fixez une date limite** pour récupérer les documents au moins une semaine avant la date limite officielle pour l'envoi de la candidature.
7.	Vérifiez la date limite pour l'envoi des demandes de subvention (date et heure, attention aux décalages horaires). Vérifiez les conditions d'envoi de la demande (voie électronique, voie postale).

8 Organiser vos arguments

Avant de rédiger la demande de subvention, voici quelques conseils pour vous aider à gagner du temps et à préparer une candidature solide.

Après avoir lu le formulaire, vous êtes en mesure d'identifier les principales catégories pour les informations demandées. Pour chacune d'entre elles, l'information attendue sera facile à trouver grâce au travail de montage de projet réalisé précédemment.

INFORMATION DEMANDÉE	*OÙ LA TROUVER DANS LE GUIDE*
CONTENU DU PROJET	
Objectifs du projet	• Arbre des causes • Cadre logique • Analyse AFOM
Besoins auxquels le projet répond	• Arbre des causes • État de l'art • Analyse AFOM
Groupes visés par le projet	• Arbre des causes • Cadre logique
Participants et activités du projet	• État de l'art • Cadre logique
Innovation et complémentarité du projet	• État de l'art
Partenariat du projet (Profil recherché, expérience et expertise)	• Cadre logique • Analyse AFOM
Résultats et impact attendus du projet	• Cadre logique • Arbre des causes

INFORMATION DEMANDÉE	OÙ LA TROUVER DANS LE GUIDE
VOLET TECHNIQUE DU PROJET	
Préparation du projet (candidature, budget, volet administratif)	• Diagramme de Gantt
Gestion du projet (budget, volet administratif, évaluation, réunions de partenariat)	• Analyse des risques • Planning de mise en œuvre
Mise en œuvre du projet	• Planning de mise en œuvre • Cadre logique
Dissémination et communication	• Plan de communication
Durabilité du projet	• Cadre logique
Budget	• Budgétisation du projet

Lexique

Bénéficiaire	• <u>Bénéficiaires directs</u> : Les organisations ayant déposé la demande de subvention dans le cas où celle-ci est acceptée, • <u>Bénéficiaires indirects</u> : Organisations (hors partenariat) et individus participants à qui le projet doit bénéficier.
Demande de subvention	Procédure au cours de laquelle le projet doit être présenté via un formulaire dédié, dans le but de demander une subvention.
Demandeur (ou candidat)	La structure déposant une demande de subvention au nom du partenariat.
Dissémination	Communication et utilisation appropriée des livrables du projet aussi bien au sein du partenariat qu'en dehors.
Durabilité	Portée des résultats et des livrables du projet une fois le projet clôturé.
Éligibilité	Respect des critères fixés par le cofinanceur potentiel pour le projet.
Étude de référence	Dans le cadre de l'évaluation du projet, l'étude de référence évalue la situation avant la mise en œuvre du projet. Elle permet de fixer des indicateurs de référence pour mesurer l'impact du projet.
Évaluation	Mesurer le niveau de réussite du projet via des indicateurs.
Groupes visés	Groupes d'individus impliqués directement dans les activités du projet et à qui celui-ci doit bénéficier le plus.
Impact	Changement créé par le projet entre la situation initiale au lancement du projet et la situation finale à sa clôture.
Indicateurs de réussite	Repères fixés avant le lancement du projet pour évaluer sa mise en œuvre et sa réussite.

Innovation du projet	Capacité du projet à introduire une nouveauté dans un domaine d'activité spécifique (par exemple pour la recherche, des compétences, des processus, etc.)
Livrables	Résultats directs et concrets découlant de la mise en œuvre du projet (par exemple des ateliers, des embauches, une exposition, etc.)
Partenaire	Organisation candidate impliquée directement dans le projet et représentée par le porteur de projet vis-à-vis du cofinanceur.
Participants	Individus issus de groupes visés qui seront impliqués dans les activités du projet.
Participants ayant moins d'opportunités	Individus impliqués dans les activités du projet faisant face à des difficultés financières, sociales, de santé ou en situation de handicap.
Parties prenantes	Organisations locales impliquées indirectement dans la mise en œuvre du projet, mais n'étant pas membre du partenariat.
Porteur de projet	Organisation candidate responsable de la gestion et de la mise en œuvre du projet au nom du partenariat.
Publics visés	Groupes d'individus et organisations visés pendant le processus de communication du projet.
Résultats attendus	Résultats devant être obtenus à la clôture du projet et au-delà.
Résultats du projet	Résultats indirects découlant de la mise en œuvre du projet (par exemple de nouvelles compétences, une meilleure assiduité scolaire, confiance des participants, etc.)
Risques du projet	Problèmes auxquels le partenariat pourrait faire face au cours de la mise en œuvre du projet.
Suivi budgétaire	Gestion de la subvention et suivi des dépenses.

10 Définir un plan de communication

Le plan de communication doit être défini le plus tôt possible pour identifier les besoins et les risques du projet et pouvoir répondre à ses objectifs.

Pendant la mise en œuvre du projet, les résultats et les livrables du projet doivent être communiqués et disséminés. Il est nécessaire de mettre au point un plan de communication réaliste et efficace au moment de développer le projet.

Un plan de communication bien préparé est un gage de qualité pour votre projet et cela augmentera vos chances de décrocher une subvention. Pour y parvenir, il suffit de suivre les étapes ci-dessous :

1/ CIBLES

Publics cibles à qui s'adressera la communication de votre projet.

2/ OBJECTIFS

Pour chaque public, quel sera l'objet du message ?

3/ ÉMETTEURS DES MESSAGES

Pour chaque public, qui leur enverra le message ?

4/ MOYENS DE COMMUNICATION

Comment sera diffusé le message ?

5/ CONTENU

Quel sera le contenu du message ?

6/ PLANNING

Quand les messages seront-ils envoyés ? À quelle fréquence ?

7/ ÉVALUATION

Quels seront les indicateurs utilisés pour mesurer l'impact du plan de communication ?

Note

Des kits de communication peuvent être fournis. Consultez les sites internet officiels pour plus d'information.

Cas pratique

1/ CIBLES

Associations de parents d'élèves, écoles et enseignants, organisations actives dans le domaine de la jeunesse, bibliothèques, etc.

2/ OBJECTIFS

- Informer les groupes visés sur les activités du projet,
- Impliquer les parents et les enseignants dans les activités,
- Mettre en place des partenariats locaux pour la durabilité du projet.

3/ ÉMETTEURS DES MESSAGES

- École française : associations de parents d'élèves locales, écoles voisines et enseignants,
- École anglaise : associations de parents d'élèves locales, écoles voisines et enseignants,
- Association culturelle française : organisations locales actives dans le domaine de la jeunesse et bibliothèques,
- Association culturelle anglaise : organisations locales actives dans le domaine de la jeunesse et bibliothèques.

4/ MOYENS DE COMMUNICATION

- Newsletter électronique mensuelle,
- Flyers et affiches,
- Page Facebook et blog,
- Médias locaux.

5/ CONTENU

- Réalisations du projet,
- Invitations à des événements de dissémination,
- Témoignages des participants (élèves, parents et enseignants).

6/ PLANNING

- Mises à jour hebdomadaires sur internet,
- Réunions avec les enseignants et les parents tous les trois mois,
- Événements avec les partenaires et les parties prenantes au lancement et à la clôture du projet.

7/ ÉVALUATION

- Nombre de participants dans les activités du projet et les événements,
- Nombre de newsletters envoyées par mois,
- Nombre d'abonnés sur internet et nombre d'interactions.

11   Budgétisation du projet

Le budget du projet doit être préparé en avance et avec attention pour garantir une mise en œuvre et une gestion du projet efficace.

1/ Brainstorming

Avant toute chose, il faut lister les dépenses qui devront être réalisées au cours de la mise en œuvre du projet. Pour cela, il faut regrouper les activités du projet en différentes catégories grâce à un travail de brainstorming. À répéter pour chaque membre du partenariat.

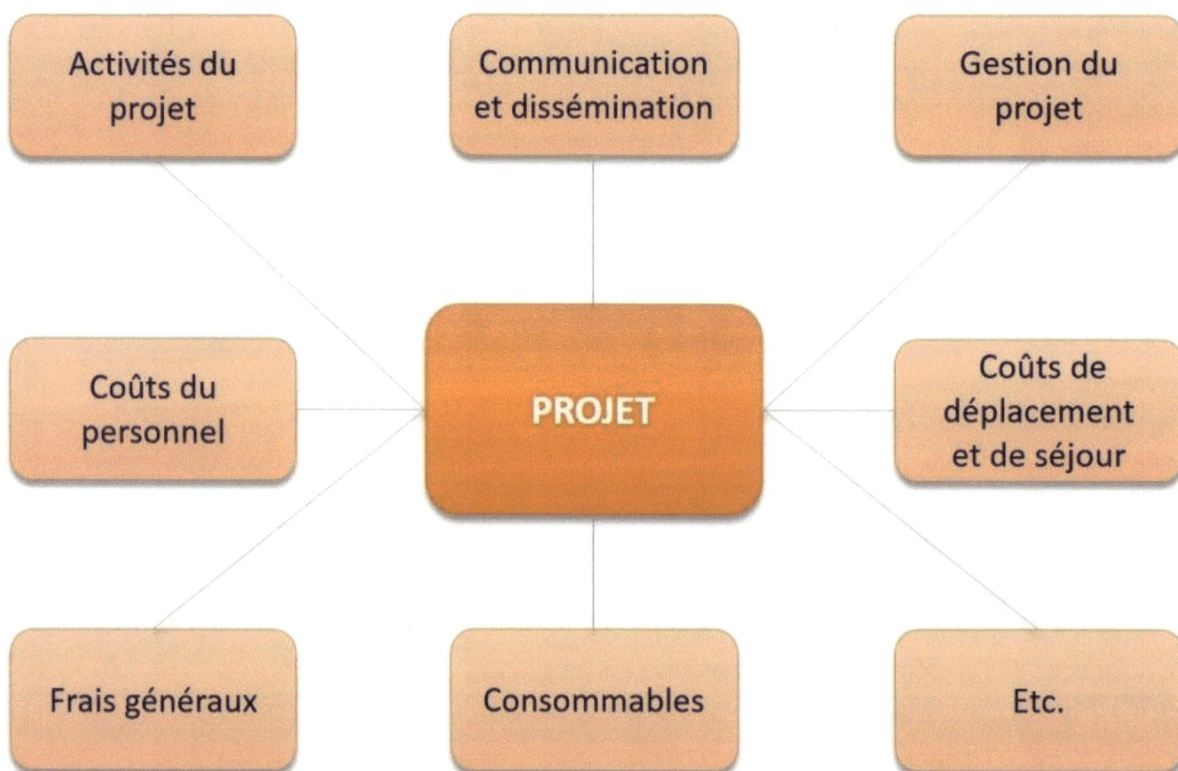

Activités du projet	Communication et dissémination	Gestion du projet
Coûts du personnel	**PROJET**	Coûts de déplacement et de séjour
Frais généraux	Consommables	Etc.

2/ Comprendre les termes budgétaires

Amortissement	Perte de valeur d'un bien acheté dans le cadre de la mise en œuvre du projet.
Audit	Contrôle réalisé par le cofinanceur pour vérifier l'utilisation appropriée de la subvention.
Cofinancement	• Réunir différentes sources de financement pour le projet (subventions publiques, de fondation, contributions des partenaires). La même activité ne peut pas être financée par deux sources différentes, • La contribution à un projet peut être financière ou en nature (personnel travaillant sur le projet, locaux).
Cofinanceur	Organisme public ou fondation mettant des subventions à disposition pour le cofinancement d'un projet, en fonction d'une liste de critères à respecter. Le cofinanceur peut aussi être un partenaire du projet apportant une contribution.
Contribution en nature	Contribution non financière faite par un des partenaires du projet ou une partie prenante pour sa réalisation (par exemple mise à disposition du personnel, locaux, équipement, etc.).
Coûts directs	Coûts directement liés à la mise en œuvre du projet (réunions de partenariat, événements de dissémination, mobilités, ateliers, etc.).
Coûts éligibles	Coûts pris en charge par la subvention.
Coûts indirects	Coûts indirectement liés à la mise en œuvre du projet, comme les frais généraux.

Coûts inéligibles	Coûts non pris en charge par la subvention.
Dépenses de fonctionnement	Coûts directs du projet (communication, frais de personnel, traduction, etc.).
Frais généraux	Coûts indirects liés à la mise en œuvre du projet (électricité, télécommunications, loyer, etc.).
Immobilisations	Dans le budget, les sommes disponibles sur le long-terme pour les dépenses d'investissement (locaux, équipement, etc.).
Recettes	• Dans le budget, les ressources financières comme les subventions, les ressources propres, le financement participatif, etc.), • Revenus générés par les livrables du projet. Ils doivent être pris en compte dans le budget du projet et le cofinanceur doit être informé.
Recouvrement des coûts	Récupération des coûts engagés pour un projet.
Taux d'intervention	La partie des coûts du projet prise en charge par la subvention.
Valeur ajoutée (ou additionalité)	Livrables du projet générés directement grâce à la subvention demandée.

3/ L'estimation des coûts

Une fois les catégories de dépenses listées, vous pouvez définir les coûts (Note : le cofinanceur potentiel peut vous fournir les lignes de dépenses). Pour les coûts comme les frais de personnel, les frais généraux, les consommables, etc. il faudra se référer aux fiches de paie et aux factures. Si vous faites appel à des prestataires, des devis seront nécessaires.

Vous pouvez ensuite entrer les estimations dans un tableau comme celui-ci :

	MOIS 1	MOIS 2	MOIS 3	Etc.	TOTAL
PARTENAIRE A					
Activités du projet					
• Ateliers					
• Etc.					
Communication et dissémination					
• Événements					
• Site internet					
• Documents					
Mobilités					
• Déplacement					
• Séjour					
Gestion du projet					
• Réunions des partenaires					
Mise en œuvre du projet					
• Coûts du personnel					
• Frais généraux					
• Consommables					
PARTENAIRE B					
• Etc					
PARTENAIRE C					
• Etc					
TOTAL					

Note

- N'oubliez pas d'équilibrer le budget entre les partenaires selon leur implication dans le projet,
- Les contributions en nature doivent être estimées dans le budget,
- Pour plus d'information sur l'estimation des frais de personnel, des frais généraux et de l'amortissement, voir 18 h. La gestion financière

4/ Estimer les sources de financement

Une fois les coûts du projet définis, il faut identifier les sources de financement qui permettront la réalisation du projet.

Le fait d'additionner différentes sources de financement s'appelle le « cofinancement » : une partie des coûts du projet sera prise en charge par un cofinanceur, et le reste sera financé par des ressources propres.

Exemple: *Le coût total du projet est égal à 100%. L'Union européenne financera 60% du budget. La Fondation de France en financera 20%. Les ressources propres couvriront les 20% restants.*

Principe du cofinancement

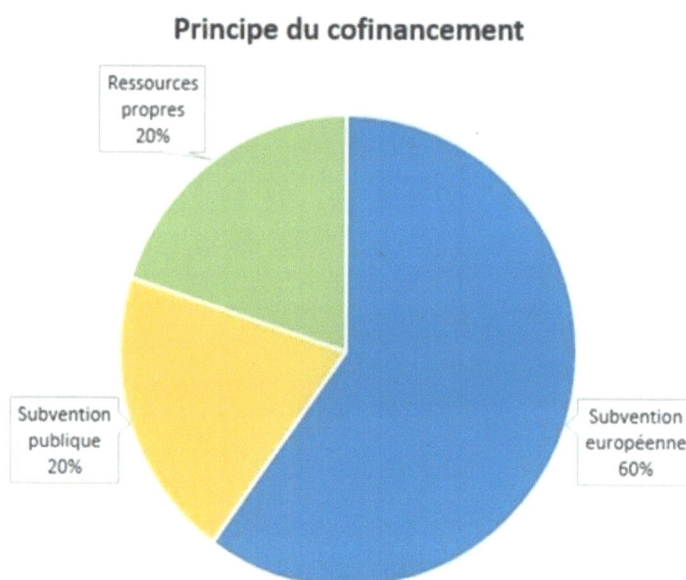

Ressources propres 20%

Subvention publique 20%

Subvention européenne 60%

Au moment de préparer la demande de subvention et le budget du projet, il faut vérifier les coûts éligibles définis par le cofinanceur potentiel. Des montants maximum ou des pourcentages ne devront pas être dépassés.

La subvention peut prendre la forme d'un pourcentage du coût total du projet ou de forfaits.

Pensez également à utiliser le modèle de budget fourni par le cofinanceur potentiel.

Note

Commencez par estimer le coût total du projet et ensuite vous pourrez y soustraire les coûts pris en charge par la subvention.

---

12 Analyse des risques

L'analyse des risques permet de prouver au cofinanceur potentiel que le partenariat est en capacité de mettre en œuvre le projet, peu importe les difficultés.

Au cours du montage du projet, il est nécessaire d'identifier les forces et les faiblesses du projet. Réfléchir sur les risques auxquels le projet et le partenariat pourraient faire face pendant sa réalisation sera un gage de qualité pour votre candidature.

Les étapes à suivre sont les suivantes :

1. **Identifier les risques :** vous pouvez vous référer à l'analyse AFOM que vous avez menée précédemment. Les risques peuvent impliquer le partenariat, la mise en œuvre du projet, ou ils peuvent être externes,

2. **Analyser les risques :** utilisez la matrice ci-dessous pour les analyser et les classer selon leur probabilité et leur impact,

3. **Prévention** : essayer de trouver une alternative pour chaque risque identifié afin de le minimiser au maximum,

4. **Gestion** : Quand un problème survient au cours de la mise en œuvre du projet, vérifiez la liste des alternatives.

MATRICE D'ANALYSE DES RISQUES

		IMPACT				
		- - Très faible	- Faible	0 Moyen	+ Fort	+ + Très fort
P R O B A B I L I T É	+ + Très forte	Important	Important	Extrême	Extrême	Extrême
	+ Forte	Moyen	Important	Important	Extrême	Extrême
	0 Moyenne	Faible	Moyen	Important	Extrême	Extrême
	- Faible	Faible	Faible	Moyen	Important	Extrême
	- - Très faible	Négligeable	Faible	Moyen	Important	Important

Cas pratique

Situation	Probabilité	Impact	Risque	Alternative
Manque d'intérêt des enfants	*Forte*	*Très fort*	*Extrême*	Ouvrir les activités aux autres classes.
Manque d'intérêt des parents	*Forte*	*Très fort*	*Extrême*	Les informer sur les bénéfices du projet pour leurs enfants, les rencontrer et répondre à leurs questions.
Manque de visibilité du projet	*Moyenne*	*Fort*	*Extrême*	Redéfinir les groupes ciblés, le contenu du message et les moyens de communication.
Démission d'un partenaire	*Faible*	*Fort*	*Important*	Rechercher un nouveau partenaire au sein du réseau du partenariat.
Retards dans la mise en œuvre du projet	*Forte*	*Moyen*	*Important*	Améliorer la communication au sein du partenariat, répartir une nouvelle fois les tâches.
Annulation de dernière minute d'une activité ou d'une mobilité	*Faible*	*Moyen*	*Moyen*	Reprogrammer.
Etc.				

Pour plus d'information sur les problèmes potentiels pendant la mise en œuvre du projet voir **18 j. Les problèmes potentiels**

Planning de mise en œuvre

Le planning de mise en œuvre vous permettra de mieux organiser la gestion du projet au sein du partenariat.

Un planning de mise en œuvre des activités du projet peut être demandé par le cofinanceur avec le formulaire de demande de subvention. Vous pouvez préparer un diagramme de Gantt (voir 18 a. Suivi de projet : le diagramme de Gantt) même si un simple tableau sera suffisant à cette étape de la préparation de la candidature.

Voici quelques conseils pouvant vous aider :

1. Répartissez les différentes activités en « *Work Packages* » selon leur type (par exemple la communication, les réunions de partenariat, la recherche, les mobilités des participants, les ateliers, etc.)

2. Planifiez la mise en œuvre des activités du projet en utilisant un tableau comme ci-dessous. Répartissez les tâches entre les partenaires en fonction de leurs compétences (à détailler dans le formulaire de demande).

	Mois 1	Mois 2	Mois 3	Mois 4	Mois 5	Mois 6	Mois 7	Mois 8	Mois 9	Mois 10	Mois 11	Mois 12
Work Package 1	■	■	■	■	■	■	■					
Work Package 2							■		■	■		
Work Package 3									■	■	■	■
Work Package 4	■	■	■	■	■	■	■	■	■	■	■	■
Work Package 5	■	■	■	■	■	■	■	■	■	■	■	■
Work Package 6	■	■			■	■			■			■

Note

Faites attention aux activités que vous décrivez dans la candidature et ne les inventez pas dans le seul but d'embellir votre projet : si le projet est subventionné, le partenariat aura l'obligation de les réaliser.

Cas pratique

	Mois 1	Mois 2	Mois 3	Mois 4	Mois 5	Mois 6
WP1 Activités du projet						
• Ateliers avec les enfants et les parents (tuteurs / grands-parents)	X	X	X	X	X	
• Déplacements à la bibliothèque	X	X	X	X	X	X
• Visites à l'école d'un conteur professionnel	X	X	X	X	X	X
• Correspondance entre les élèves français et britanniques	X	X	X	X	X	X
• Mobilité des élèves et des enseignants britanniques en France (5 jours)			X			
• Mobilité des élèves et des enseignants français en Angleterre (5 jours)					X	
WP2 Communication et dissémination						
• Événements de dissémination	X					X
• Internet (réseaux sociaux, blog)	X	X	X	X	X	X
• Newsletters	X	X	X	X	X	X
• Réunions avec les parents et les parties prenantes au niveau local	X					X
• Création d'un livre bilingue				X	X	X
• Reportage vidéo	X	X	X	X	X	X
WP3 Gestion du projet						
• Réunions du partenariat	X					X
• Évaluation	X	X	X	X	X	X

14 Réussir la rédaction de la demande de subvention

Une demande de subvention claire et bien rédigée peut faire la différence.

1.	Avant de commencer la rédaction, imprimez le formulaire et **lisez-le avec attention** pour comprendre les attentes du cofinanceur potentiel.
2.	Pour chaque question, **notez les idées principales**, les arguments, les statistiques, etc. utiles pour y répondre (voir 8. Organiser vos arguments).
3.	Vous n'êtes pas obligé de suivre l'ordre des questions, commencez avec les plus faciles et revenez aux autres plus tard.
4.	Un **résumé du projet** est demandé dans le formulaire : • Soit vous le préparez en premier pour vous aider à organiser vos idées avant de les développer dans le formulaire, • Soit vous commencez par les questions pour les résumer à la fin. **Faites attention à la qualité du résumé : cette partie est très importante !**
5.	Chaque membre du partenariat devra faire une **présentation** rapide de son organisation et de son expérience (pensez à sauvegarder une présentation prête à l'emploi pour chaque candidature). Il devra également expliquer sa contribution au projet et les bénéfices qu'il pourra en tirer.
6.	**Ne rédigez pas de réponses trop longues** : le jury commencera par lire le résumé du projet puis les réponses aux questions si le projet les intéresse.
7.	Faites attention à la **qualité de la rédaction** et évitez les fautes d'orthographe et de grammaire. Évitez le jargon et les acronymes ou expliquez-les : n'oubliez pas que des personnes n'étant pas expertes dans votre domaine peuvent faire partie du jury.
8.	**Rassemblez** les parties complétées par les partenaires ainsi que les pièces justificatives.
9.	Une fois le formulaire complété, demandez à quelqu'un **extérieur au projet** de relire la candidature et de vous en faire un résumé. Cela vous permettra de vérifier que votre projet sera compris comme tel par le jury.
10.	Vérifiez que toutes les conditions ont été respectées pour **l'envoi de la candidature**. Vous pouvez maintenant la soumettre selon la méthode prévue par le cofinanceur potentiel.

Cas pratique

Le projet de l'association ABCD vise à améliorer les compétences des enfants en lecture à travers le plaisir de lire. L'association souhaite organiser différentes activités dans les écoles, dans un premier temps au niveau régional et ensuite au niveau européen dans le cadre d'un partenariat qui comprend l'association ABCD et une de ses écoles partenaires d'un côté, et une association similaire et une école britanniques de l'autre. Les partenaires français seront basés en région Picardie et les partenaires anglais dans le comté du Sussex de l'Est.

Le groupe d'enfants visé sera âgé entre 7 et 8 ans car ils sont censés avoir acquis les compétences de base en lecture. Les différentes activités pourront être l'organisation d'ateliers impliquant les enfants et leurs parents (voire leurs grands-parents), des visites à la bibliothèque, la venue de conteurs professionnels dans les écoles et une correspondance entre les deux écoles partenaires.

Pour commencer, chaque école travaillera de son côté au cours des trois ou quatre premiers mois afin d'expliquer le projet et ses objectifs aux enfants. **Cette partie sera financée par la subvention obtenue au niveau national en France auprès de la Fondation de France**. Le partenaire anglais sera présenté et impliqué petit à petit dans le projet. La partie européenne du projet débutera en janvier et se finira à la fin du mois de juin. **Cette partie sera cofinancée par le programme européen ERASMUS + des deux côtés de la Manche.**

Les activités de dissémination et de communication auront lieu tout au long de la mise en œuvre du projet. Les informations sur le projet seront diffusées via les réseaux sociaux, un blog dédié, une newsletter mensuelle et des réunions organisées tous les trois mois entre les acteurs-clé du projet et les parents impliqués. Aussi, un livre bilingue en anglais et en français sera publié à la fin du projet pour garder un « souvenir » du projet pour les participants. Un reportage audiovisuel mené du début à la fin du projet présentera les activités menées au public.

Enfin, l'association ABCD a choisi un titre pour son projet. Étant donné que des partenaires anglais seront impliqués, elle a choisi un nom mélangeant français et anglais. Ce nom sera :

D - liREading (Daily Reading)

Les mots "Délire" (ici D - lire) et "Lire" soulignent le plaisir de lire défendu par le projet. Le nom crée un jeu de mot en anglais ("Daily Reading") qui met l'accent sur le fait que la lecture doit faire partie du quotidien de l'enfant.

15 a   Le projet est accepté

Plusieurs semaines se sont écoulées depuis l'envoi de votre candidature, mais vous venez juste de recevoir la réponse du jury : votre projet est accepté ! Bravo !

Profitez du moment, prévenez vos partenaires et préparez-vous pour l'étape suivante.

ACCEPTÉ

15 b   Le projet est refusé

Vous venez d'apprendre que votre projet a été refusé et il est normal d'être déçu. Ne vous inquiétez pas, il y a toujours une solution pour tenter de soumettre votre projet une nouvelle fois.

Tout d'abord, le jury peut vous donner un retour sur les forces et les faiblesses de votre projet. Lisez-le avec attention, cela vous aidera à mieux comprendre ce qui a posé problème.

Il y a plusieurs types de raisons qui peuvent expliquer cet échec :

- D'un côté, les raisons pour lesquelles <u>vous ne pouvez rien faire</u> :

  - Votre candidature a été recalée à **l'étape d'admissibilité** : votre organisation ou vos partenaires ne sont pas éligibles (type des organisations, pays, nombre, etc.), vous ne respectez pas les critères d'éligibilité, etc.

  - Votre projet ne respecte pas les **priorités du cofinanceur potentiel** : par exemple, le programme soutien en priorité les personnes âgées alors que votre projet vise les jeunes,

- De l'autre, les raisons pour lesquelles <u>vous pouvez faire quelque chose</u> :

  - Une **raison administrative** : vous avez oublié de joindre un document important demandé par le cofinanceur potentiel (mandat d'un partenaire, statut juridique, déclaration sur l'honneur, etc.),

  - Votre candidature n'était **pas assez détaillée et solide** : par exemple, le partenariat n'était pas assez solide, le projet n'était pas assez innovant, la logique d'intervention n'était pas assez expliquée, etc. Vérifiez que vous avez répondu correctement aux questions et que le projet a été suffisamment préparé (voir 2. De l'idée… au projet),

  - Le **budget** n'était pas assez équilibré et réaliste : si vous dépensez trop pour des sous-traitants, votre candidature perdra des points. Votre budget doit être proportionné selon la taille de votre projet. Un budget trop serré ou au contraire trop grand peut poser problème (voir 11. Budgétisation du projet).

Enfin, vérifiez la prochaine date limite de l'appel à projets qui vous intéresse pour pouvoir préparer une nouvelle fois votre candidature.

Comprenez les erreurs ayant mené au refus de votre candidature pour pouvoir mieux rebondir.

Note
À moins d'avoir une raison solide, les recours contre une décision de refus (quand cela est possible) sont très probablement une perte de temps et d'énergie. Assurez-vous toujours que votre demande de subvention respecte tous les critères d'éligibilité avant de faire appel.

GESTION DE PROJET

16 Préparation administrative

Une fois votre projet accepté, différents documents devront être préparés avant le premier versement de la subvention.

Les conditions peuvent varier selon le programme de cofinancement européen, pensez à vérifier les conditions établies dans la décision d'attribution de la subvention.

1/ L'accord de partenariat

Ce document est un contrat entre les partenaires impliqués dans le projet. Chaque partenaire signe un accord avec le porteur de projet. Le document devra contenir :

- Le nom du partenaire et le nom du porteur de projet,

- Le nom du projet,

- La date de début du projet, la durée de sa mise en œuvre et la date estimée pour la clôture du projet,

- La somme que le partenaire versera au cours de la mise en œuvre du projet et ses apports en nature,

- La définition des responsabilités légales et financières du partenaire,

- Les conditions à respecter au cas où le partenariat est modifié (nouveau partenaire, démission d'un partenaire),

- Les conditions pour la prise de décision au sein du partenariat,

- La définition du rôle du partenaire au cours de la mise en œuvre du projet et au-delà,

- La procédure à suivre pour la médiation et l'arbitrage des désaccords au sein du partenariat.

2/ Le programme de travail

Ce document vous a peut-être déjà été demandé avec votre demande de subvention. Il présente le planning de mise en œuvre du projet et la répartition des tâches entre les partenaires.

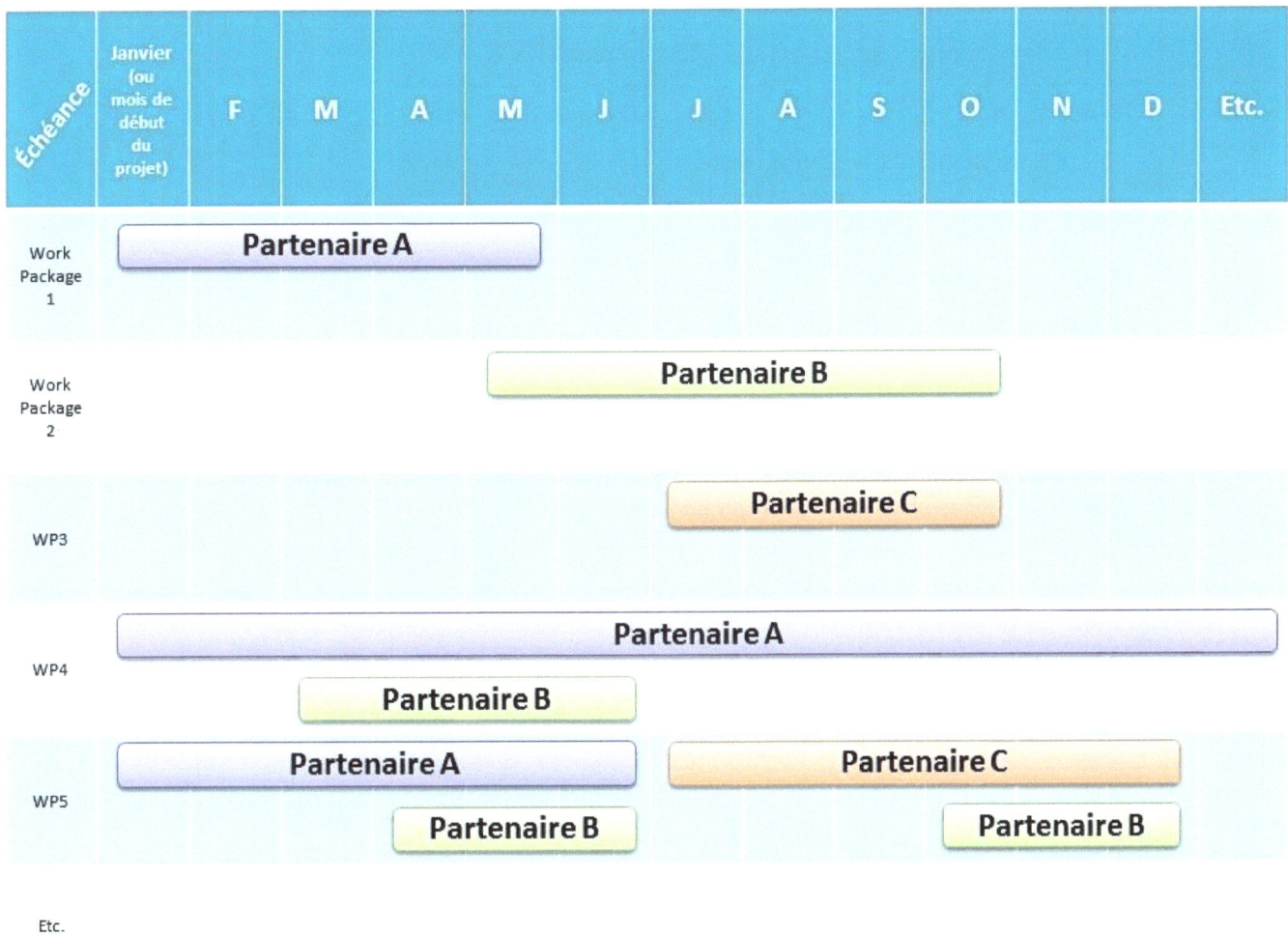

Échéance	Janvier (ou mois de début du projet)	F	M	A	M	J	J	A	S	O	N	D	Etc.
Work Package 1	Partenaire A												
Work Package 2					Partenaire B								
WP3							Partenaire C						
WP4	Partenaire A												
	Partenaire B												
WP5	Partenaire A				Partenaire C								
	Partenaire B					Partenaire B							
Etc.													

3/ La convention de subvention

Cette convention implique le cofinanceur et le porteur de projet (ou chaque partenaire). Le cofinanceur établit les conditions que les bénéficiaires devront respecter.

Les éléments les plus fréquents sont :

- La date de début, la durée, et la date prévue pour la clôture du projet,

- Les actions à mettre en œuvre au cours du projet,

- Les détails concernant la subvention : montant, forme (forfaits, pourcentages), taux de remboursement, paiements, etc.

- Les coûts éligibles et non-éligibles,

- Les autres conditions : appel à des sous-traitants, publicité, rapports à remettre, audits, évaluation, propriété intellectuelle, dissémination des résultats, etc.

- Conditions en cas de forces majeures.

Le cofinanceur peut fournir une convention-type.

Le porteur de projet et ses partenaires devront se mettre d'accord sur le système qu'ils choisissent pour le paiement de la subvention. Ils peuvent décider que le porteur de projet recevra la subvention et distribuera ensuite aux partenaires leur part selon leur niveau d'implication dans le projet. Ou ils peuvent décider que chaque partenaire recevra directement sa part de la subvention. Dans tous les cas, la méthode devra être précisée dans la convention de subvention.

17 Préparation et lancement du projet

À vos marques, prêts, partez !

Une fois que les différents contrats ont été signés, vous pouvez maintenant vous lancer dans la préparation de votre projet avant son lancement officiel. Différentes étapes devront être respectées auparavant afin de garantir la réussite du projet :

• Organiser la première réunion de partenariat,

• Débuter le processus de communication,

• Débuter le processus d'évaluation.

1/ La première réunion de partenariat (réunion de lancement)

La réunion de lancement est la première pierre de votre projet. Ce sera la première fois que la totalité des partenaires se rencontrera pour décider de la mise en œuvre du projet. Pour une organisation efficace de cette réunion, voir 18 c. Organiser les réunions et les événements.

Il peut être utile de profiter de cette première réunion pour vérifier que chaque participant a bien compris les engagements du partenariat envers le cofinanceur (par exemple pour les rapports à remettre, la publicité, les documents justificatifs, etc.)

2/ Début du processus de communication

La communication et la dissémination sont une activité-clé dans la mise en œuvre de votre projet. Pour plus d'information à ce sujet, voir 10. Définir un plan de communication et 18 g. La dissémination.

Pour le lancement du projet, vous pouvez par exemple organiser un événement public afin de communiquer sur votre projet, ses objectifs et les attentes des bénéficiaires. Essayez d'impliquer le milieu local, par exemple les autorités locales, les acteurs locaux, les bénéficiaires, etc. N'oubliez pas de communiquer sur l'événement en faisant appel aux médias locaux et aux réseaux sociaux.

3/ Début du processus d'évaluation

L'évaluation est très importante. Avant le début des activités du projet, vous avez besoin de références. Pour comprendre comment mener une évaluation efficace, voir 18 d. L'évaluation.

Vous avez peut-être déjà démarré le processus au cours de la préparation de la demande de subvention, en particulier avec l'exercice de l'état de l'art et du regroupement des statistiques. Cependant, il est tout aussi important de prendre en compte les attentes exprimées par les bénéficiaires du projet à travers des entretiens et des questionnaires.

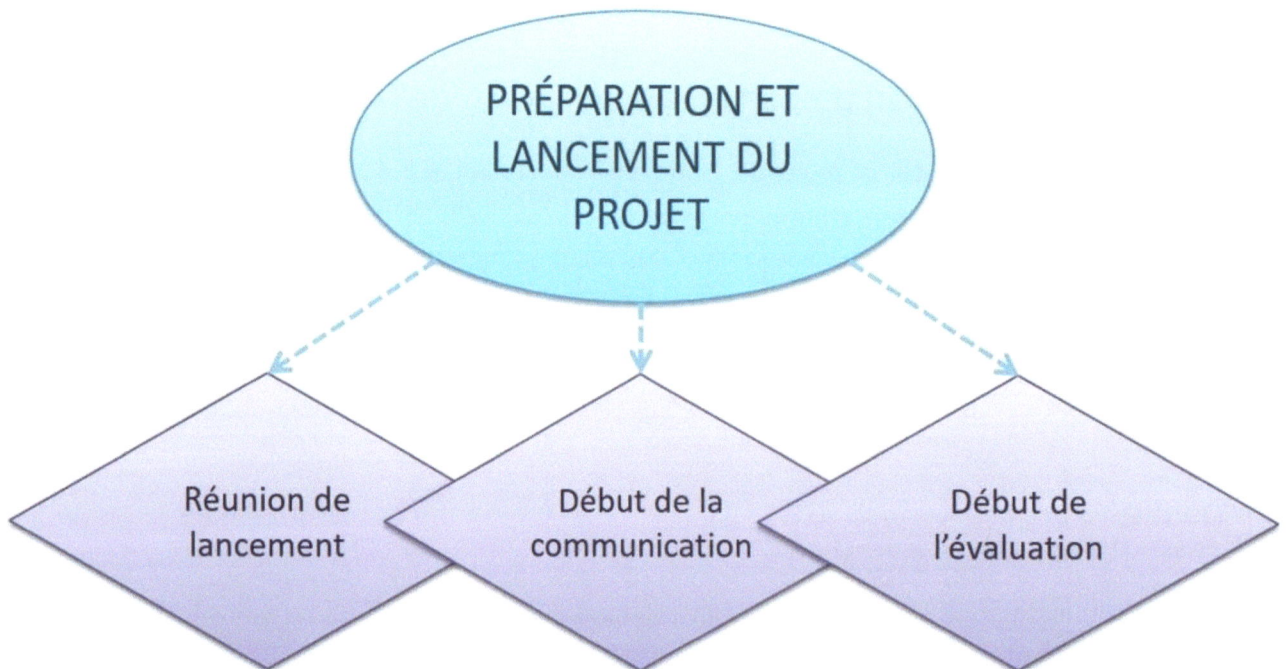

PRÉPARATION ET LANCEMENT DU PROJET

Réunion de lancement

Début de la communication

Début de l'évaluation

18   Mise en œuvre du projet

Moteur, ça tourne , action

Tout est prêt et votre projet a enfin débuté. Il ne vous reste plus qu'à faire entrer en action vos connaissances et votre savoir-faire. Si vous ne deviez vous rappeler que d'une seule chose concernant la mise en œuvre de votre projet, ce serait le fait que vos partenaires et vous-même devez respecter vos engagements, plus particulièrement en ce qui concerne les objectifs du projet définis pendant la phase de développement.

Malheureusement, la mise en œuvre d'un projet n'est pas aussi facile. Plusieurs activités transversales doivent être prises en compte. Parmi elles, les trois plus importantes sont :

- Le suivi du projet,

- L'évaluation,

- La dissémination.

Les autres sont :

- Les rapports au cofinanceur,

- Les règles de publicité,

- Le rôle du porteur de projet,

- L'organisation de réunions et d'événements,

- La gestion financière,

- Les audits,

- Les problèmes potentiels à affronter.

Toutes ces activités restent incontournables dans la mise en œuvre d'un projet, en particulier pour les projets européens.

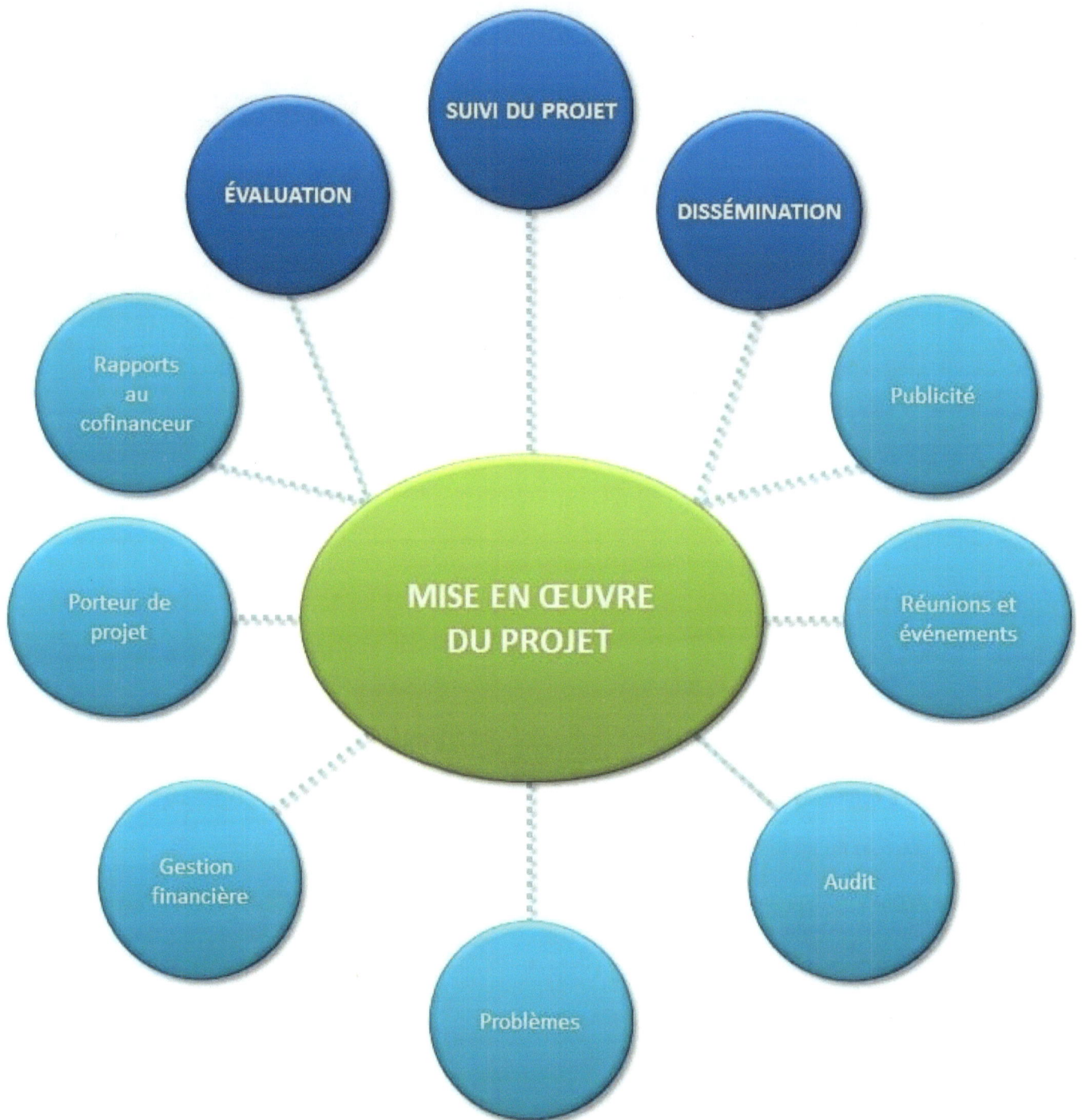

SUIVI DU PROJET

ÉVALUATION

DISSÉMINATION

Rapports au cofinanceur

Publicité

Porteur de projet

MISE EN ŒUVRE DU PROJET

Réunions et événements

Gestion financière

Audit

Problèmes

18 a

Suivi de projet :

le diagramme de Gantt

Le diagramme de Gantt (ou rétroplanning) est un outil indispensable de la gestion de projet. Comprendre son fonctionnement et apprendre à en créer un vous aidera considérablement.

Un diagramme de Gantt est un outil de gestion de projet qui permet de suivre sa mise en œuvre. Il est très utile si vous voulez savoir comment votre projet progresse et cela vous permettra d'anticiper les problèmes auxquels vous pourriez être confronté pendant le projet.

Vous pouvez créer un diagramme de Gantt à l'aide d'un tableur (Microsoft Excel© par exemple), mais il existe des logiciels de gestion de projet pouvant vous faciliter la tâche (voir ANNEXE A : Les logiciels de gestion de projet).

Dans les pages qui suivent, vous trouverez un modèle de diagramme de Gantt. Vous pouvez l'adapter selon les besoins de votre projet.

Un diagramme de Gantt se découpe en trois parties. La première (en rouge) présente une liste d'ensemble de tâches (*Work Packages*) et d'actions à mettre en œuvre dans votre projet. Vous devez entrer la date de début de chaque tâche, sa durée estimée, et sa date de fin réelle. Vous pouvez ajouter des informations supplémentaires comme la date de fin prévue, ou le nombre de jours entre la date de début et la date de fin réelle. Si vous êtes un utilisateur habitué d'Excel, vous pouvez ajouter le nom des personnes ou des partenaires en charge de chaque activité et ensuite créer un diagramme pour chacun d'eux afin de suivre leur progression.

La deuxième partie (en bleu), est en lien avec le programme de travail dans la partie 16. Préparation administrative. Encore une fois, vous pouvez modifier le modèle selon vos besoins. Dans ce tableau, il y a une colonne pour chaque mois de mise en œuvre du projet Une case verte signifie que le Work Package ou l'action sera en cours à ce moment. Cette partie est optionnelle, elle n'est pas nécessaire pour la création du diagramme de Gantt. Mais elle est utile quand plusieurs tâches se chevauchent ou quand une activité ne peut pas débuter tant qu'une autre n'est pas finie.

	Tâche	Date de début	Durée prévue (en jours)	Date de fin prévue	Nombre de jours depuis le début	Nombre de jours jusqu'à la fin prévue	Date de fin réelle	Nombre de jours de retard
	PROJET ABC	06/01/2015	347	19/12/2015	252	95		
1	WP1	06/01/2015	347	19/12/2015	252	95		
2	Action 1.a	06/01/2015	53	28/02/2015	252		07/03/2015	7
3	Action 1.b	01/04/2015	90	30/06/2015	167		04/07/2015	4
4	Action 1.c	01/07/2015	91	30/09/2015	76	15		
5	Action 1.d	01/10/2015	79	19/12/2015				
6	WP2	03/03/2015	291	19/12/2015	196	95		
7	Action 2.a	03/03/2015	58	30/04/2015	196		30/04/2015	0
8	Action 2.b	01/04/2015	121	31/07/2015	167		31/07/2015	0
9	Action 2.c	02/06/2015	120	30/09/2015	105	15		
10	Action 2.d	01/10/2015	79	19/12/2015				
11	WP3	01/09/2015	109	19/12/2015	14	95		
12	Action 3.a	01/09/2015	109	19/12/2015	14	95		
13	Action 3.b	01/10/2015	30	31/10/2015				
14	Action 3.c	01/10/2015	58	28/11/2015				
15	Action 3.d	01/12/2015	18	19/12/2015				

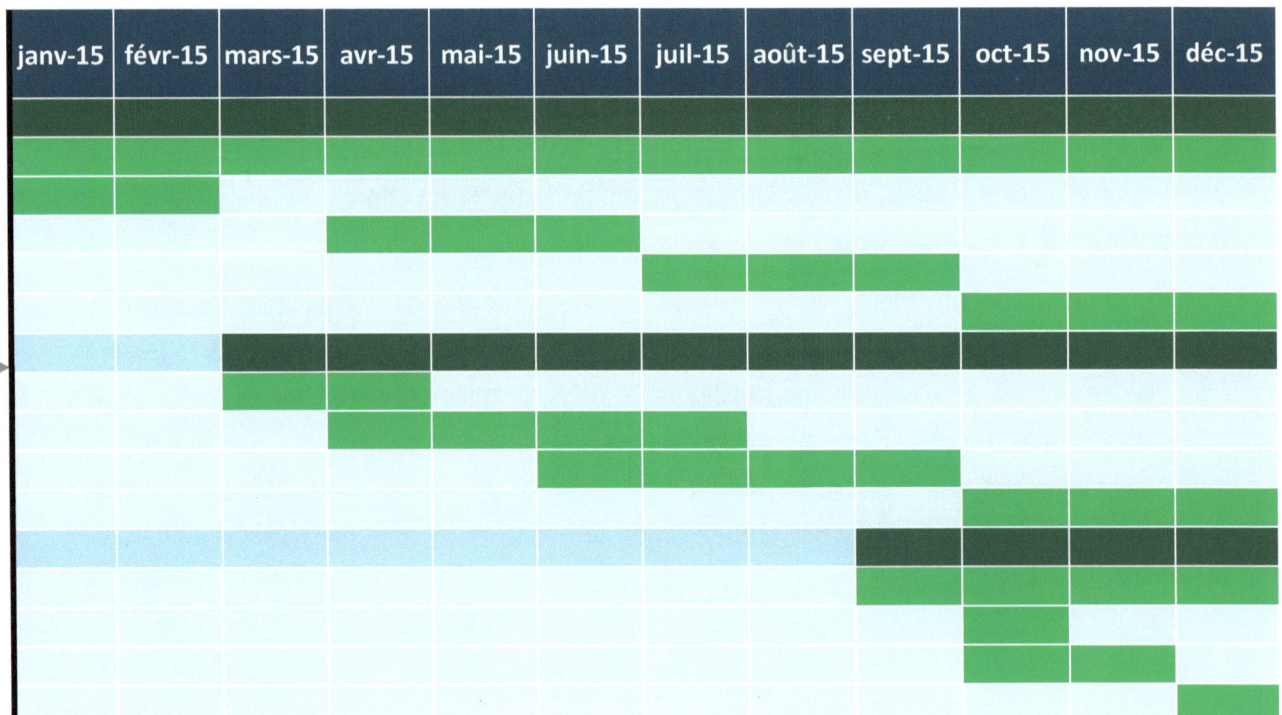

janv-15	févr-15	mars-15	avr-15	mai-15	juin-15	juil-15	août-15	sept-15	oct-15	nov-15	déc-15

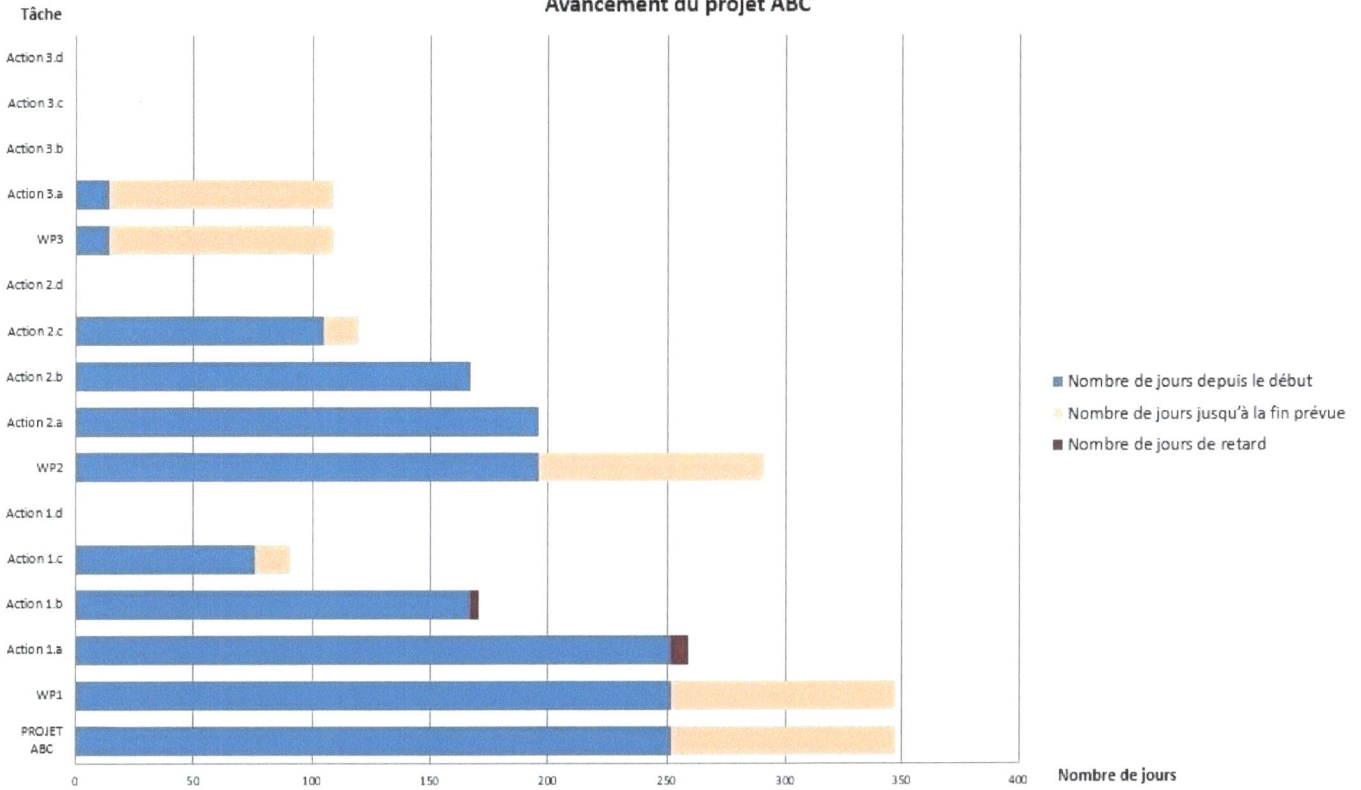

Avancement du projet ABC

Tâche (ordonnée) : Action 3.d, Action 3.c, Action 3.b, Action 3.a, WP3, Action 2.d, Action 2.c, Action 2.b, Action 2.a, WP2, Action 1.d, Action 1.c, Action 1.b, Action 1.a, WP1, PROJET ABC

Nombre de jours (abscisse) : 0, 50, 100, 150, 200, 250, 300, 350, 400

Légende :
- ■ Nombre de jours depuis le début
- ■ Nombre de jours jusqu'à la fin prévue
- ■ Nombre de jours de retard

Cette partie est un diagramme reprenant les informations précédemment entrées. En abscisse, vous avez la durée en nombre de jours, et en ordonnée la liste des tâches. Les lignes en orange représentent la durée prévue de chaque tâche. Les lignes en bleu montrent ce qui a été accompli jusqu'à maintenant et la partie rouge représente le retard dans la mise en œuvre du projet.

Cas pratique

Voici le diagramme de Gantt réalisé pour le projet D-liREading à la date du **10/02/2016** :

	Tâche	Date de début	Durée prévue (en jours)	Date de fin prévue	Nombre de jours depuis le début	Nombre de jours jusqu'à la fin prévue	Nombre de jours de retard	Date de fin réelle
	Projet D-liREading	15/09/2015	288	30/06/2016	148	140		
1	**WP1 ACTIVITÉS EN FRANCE UNIQUEMENT**	15/09/2015	95	19/12/2015	148		0	17/12/2015
2	Action 1.a Ateliers avec les enfants et les parents (ou les grands-parents)	01/10/2015	61	01/12/2015	132		7	08/12/2015
3	Action 1.b Déplacements à la bibliothèque	15/09/2015	95	19/12/2015	148		0	17/12/2015
4	Action 1.c Venues de conteurs professionnels à l'école	22/09/2015	88	19/12/2015	141		0	17/12/2015
6	**WP2 ACTIVITÉS DES DEUX CÔTÉS (France + Angleterre)**	05/01/2016	176	30/06/2016	36	140		
7	Action 2.a Correspondance entre les écoles française et anglaise	05/01/2016	176	30/06/2016	36	140		
8	Action 2.b Voyage des enfants et des enseignants français en Angleterre (5 jours)	23/03/2016	4	27/03/2016				
9	Action 2.c Voyage des enfants et des enseignants anglais en France (5 jours)	18/05/2016	4	22/05/2016				
10	Action 2.d Ateliers avec les enfants et les parents (ou les grands-parents)	12/01/2016	137	29/05/2016	29	108		
11	Action 2.e Déplacements à la bibliothèque	26/01/2016	155	30/06/2016	15	140		
12	Action 2.f Venues de conteurs professionnels à l'école	19/01/2016	154	22/06/2016	22	132		
13	**WP3 DISSÉMINATION ET COMMUNICATION**	15/09/2015	288	30/06/2016	148	140		
14	Action 3.a réseaux sociaux, blog	15/09/2015	288	30/06/2016	148	140		
15	Action 3.b Newsletter mensuelle	01/10/2015	272	30/06/2016	132	140		
16	Action 3.c Réunions avec les acteurs-clé et les parents	30/09/2015	273	30/06/2016	133	140		
17	Action 3.d Création d'un recueil bilingue	05/01/2016	176	30/06/2016	36	140		
18	Action 3.e Reportage audiovisuel	15/09/2015	288	30/06/2016	148	140		

sept-15	oct-15	nov-15	déc-15	janv-16	févr-16	mars-16	avr-16	mai-16	juin-16

projet D - liREading

- Action 3.e Reportage audiovisuel
- Action 3.d Création d'un recueil bilingue
- Action 3.c Réunions avec les acteurs-clé et les parents
- Action 3.b Newsletter mensuelle
- Action 3.a réseaux sociaux, blog
- WP3 DISSÉMINATION ET COMMUNICATION
- Action 2.f Venues de conteurs professionnels à l'école
- Action 2.e Déplacements à la bibliothèque
- Action 2.d Ateliers avec les enfants et les parents (ou les grands-parents)
- Action 2.c Voyage des enfants et des enseignants anglais en France (5 jours)
- Action 2.b Voyage des enfants et des enseignants français en Angleterre (5 jours)
- Action 2.a Correspondance entre les écoles française et anglaise
- WP2 ACTIVITÉS DES DEUX CÔTÉS (France+Angleterre)
- Action 1.c Venues de conteurs professionnels à l'école
- Action 1.b Déplacements à la bibliothèque
- Action 1.a Ateliers avec les enfants et les parents (ou les grands-parents)
- WP1 ACTIVITÉS EN FRANCE UNIQUEMENT
- Projet D-liREading

Légende:
- Nombre de jours depuis le début
- Nombre de jours jusqu'à la fin prévue
- Nombre de jours de retard

0   50   100   150   200   250   300   350

Le rôle du porteur de projet

Le porteur de projet est le lien entre le cofinanceur (par exemple la Commission européenne ou l'autorité de gestion) et le partenariat.
Il a différentes responsabilités.

Son rôle

- Le porteur de projet en est aussi le coordinateur. Il est le référent du partenariat pour la Commission européenne ou l'autorité de gestion du programme de cofinancement européen. Il supervise la progression du projet et il doit centraliser et faire circuler l'information entre les partenaires. Il organise les réunions ou les vidéoconférences entre les partenaires et il doit aussi gérer les problèmes pouvant survenir.

- Le porteur de projet est responsable de la mise en œuvre du projet. Il doit s'assurer que les objectifs ont été atteints dans les temps.

- Le porteur de projet est responsable du projet au niveau administratif. Il doit obtenir de la part des partenaires les informations nécessaires à la préparation des rapports d'avancement et final.

- Le porteur de projet est financièrement responsable vis-à-vis du projet. Il supervise les dépenses effectuées et rassemble les justificatifs avant d'envoyer si nécessaire les demandes de paiement à l'autorité de gestion du programme ou du fonds. C'est lui aussi qui reçoit les paiements et transmet aux partenaires la part qui leur revient.

PROJETS EUROPÉENS

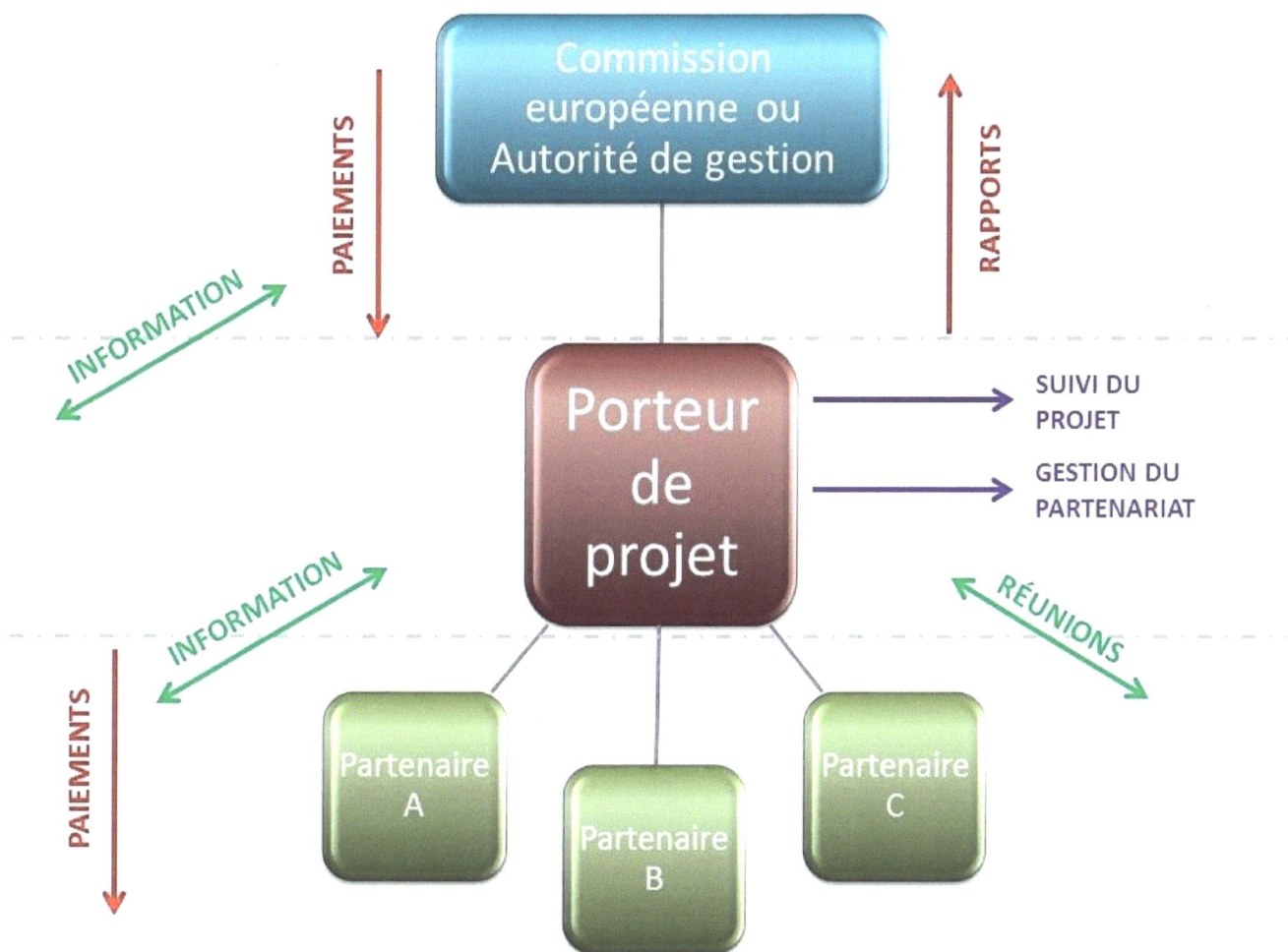

Commission européenne ou Autorité de gestion

PAIEMENTS

RAPPORTS

INFORMATION

Porteur de projet

SUIVI DU PROJET

GESTION DU PARTENARIAT

INFORMATION

RÉUNIONS

PAIEMENTS

Partenaire A

Partenaire B

Partenaire C

Note

Gérer un partenariat n'est pas une tâche aisée. Voici quelques conseils pouvant vous aider :

- **Communication et information** : Il est important pour les partenaires de communiquer en ce qui concerne la mise en œuvre du projet. Des réunions organisées fréquemment seront utiles.

- **Organisation** : Ensemble, essayez de mettre en place un système suffisamment efficace pour vous permettre de rassembler les justificatifs de dépenses et les données nécessaires pour l'évaluation.

- **Suivi** : Il est important de suivre la mise en œuvre des activités et le budget pour anticiper des problèmes auxquels vous-même et vos partenaires pourriez être confrontés.

- **Diplomatie** : Le porteur de projet coordonne mais il n'est pas le seul à prendre les décisions. Encouragez à chaque fois l'écoute et le respect de l'autre même dans des situations tendues. Le compromis sera votre meilleur allié (et du sang-froid sera le bienvenu).

Organiser les réunions et les événements

Il est important d'organiser des réunions transnationales entre les partenaires afin de renforcer le partenariat et faire circuler l'information.

Conseils

Dans les réunions transnationales, il y a trois étapes à suivre :

- **La première réunion du partenariat** (ou réunion de lancement) **:** Elle est traditionnellement organisée dans le pays du porteur de projet. Elle peut avoir lieu après la date officielle du début de projet pour que les dépenses encourues soient éligibles et prises en charge. La première réunion permet aux partenaires de définir les dates limites pour les remises des rapports et des demandes de paiement, de mettre au point une stratégie d'évaluation du projet et de présenter les engagements contractuels à respecter par le partenariat.

- **Les réunions intermédiaires :** elles peuvent être organisées dans le pays de l'un des partenaires. Il est conseillé d'organiser deux ou trois réunions intermédiaires par an, selon la durée de votre projet.

- **La réunion de clôture :** elle peut se dérouler dans un lieu particulier pour le projet, par exemple à l'occasion d'une conférence en lien avec la thématique du projet. La réunion vise à préparer la clôture du projet (documents justificatifs nécessaires, rapports à envoyer, rapports financiers, etc.), à mettre en valeur et à disséminer les résultats du projet, et enfin à décider des activités à mener une fois le projet clôturé.

Les coûts de subsistance peuvent être pris en charge par le partenaire qui accueille la réunion. Chaque programme européen définit ses propres règles concernant les coûts éligibles pour l'organisation d'une réunion transnationale.

Quand une réunion est organisée dans le pays de l'un des partenaires, le porteur de projet peut définir ou approuver l'agenda. C'est lui qui préside la réunion habituellement.

Une langue de travail commune doit être choisie pour le projet. Elle doit être compréhensible par chaque partenaire, et les personnes parlant la langue couramment doivent s'adapter aux autres. Des documents écrits explicatifs peuvent être remis pour faciliter la bonne compréhension de tous. Dans certains cas, l'appel à des interprètes sera jugée utile.

PROJETS EUROPÉENS

Comment organiser une réunion ou un événement

Voici une liste pouvant vous aider dans l'organisation d'une réunion ou d'un événement particulier :

AGENDA	
• Mise en œuvre du projet	
• Suivi	
• Gestion	
PLANNING	
LIEU(X)	
PARTICIPANTS	
HOTELS/RESERVATIONS	
TRANSPORTS (de/vers, stationnement ?)	
RESTAURATION	
PRISE DE NOTES POUR COMPTE-RENDU	

Pour plus de conseils sur l'organisation d'une réunion, voir

ANNEXE D : Organiser et animer une réunion

L'évaluation

L'évaluation est un élément-clé de votre projet. Elle est nécessaire pour décider de la continuation, de la clôture et/ou des modifications du projet.

Conseils

Les évaluations sont nécessaires pour faire part dans les rapports au cofinanceur du succès du projet ou des difficultés rencontrées et améliorer la gestion du projet. Leurs résultats serviront de référence pour les prises de décision concernant le projet actuel ou ceux qui suivront.

Les partenaires doivent définir les critères qui seront utilisés pour évaluer le projet. Ils peuvent par exemple concerner l'efficacité, l'impact, la pertinence, la portée et l'innovation du projet.

Parmi les méthodes d'évaluation ci-dessous, vous pouvez faire appel à l'une ou plusieurs d'entre elles :

- **Évaluation externe** : une personne extérieure au partenariat évalue votre projet. Cette méthode est payante.

- **Évaluation interne :** un des partenaires évalue le projet.

- **Autoévaluation assistée** : Le partenariat est assisté ponctuellement par un évaluateur ou une agence spécialisée. Cette méthode est payante.

- **Évaluation transversale :** Quand il y a deux projets similaires, une personne impliquée dans un projet en évaluera un autre.

Chaque partenaire devra approuver le plan d'évaluation et être informé du processus. Les évaluations sont fixées dans le planning et le budget du projet.

Pour obtenir des données comparables pour les évaluations, une étude de référence doit être menée à chaque début de projet (évaluation ex-ante). Il y a trois étapes à suivre pour l'évaluation :

- **Ex-ante**: avant ou au tout début du projet, pour analyser la situation avant la mise en œuvre du projet.

- **Ex-itinere**: tout au long du projet, pour évaluer la mise en œuvre du projet selon les points-clé (par exemple, tous les trois mois ou à la fin de la mise en œuvre d'un Work Package ou d'une activité).

- **Ex-post**: à la fin du projet pour évaluer l'impact du projet en utilisant l'étude de référence réalisée au tout début du projet et les évaluations ex-itinere (voir 20. L'impact du projet).

La collecte d'information peut prendre la forme de sondages, d'entretiens, etc. Dans les rapports d'avancement et le rapport final, vous devez décrire le processus d'évaluation et les résultats.

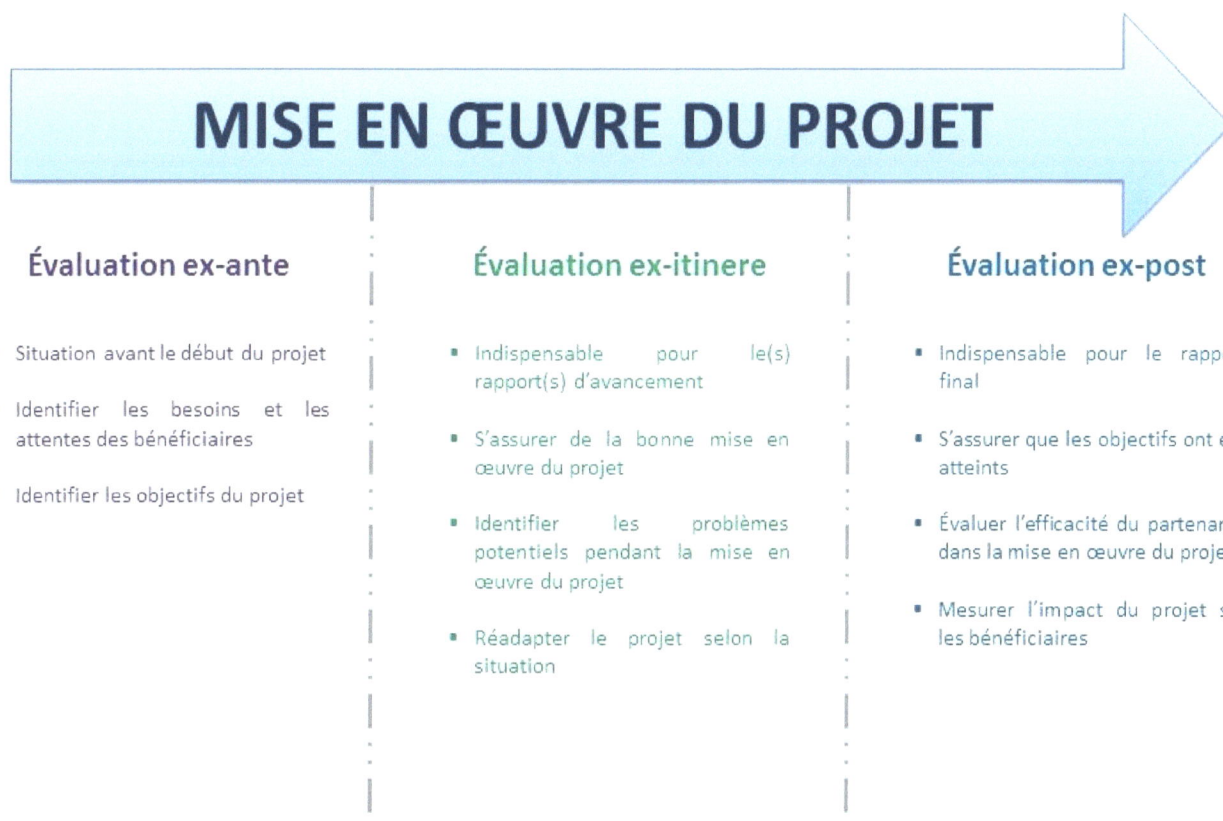

MISE EN ŒUVRE DU PROJET

Évaluation ex-ante

- Situation avant le début du projet
- Identifier les besoins et les attentes des bénéficiaires
- Identifier les objectifs du projet

Évaluation ex-itinere

- Indispensable pour le(s) rapport(s) d'avancement
- S'assurer de la bonne mise en œuvre du projet
- Identifier les problèmes potentiels pendant la mise en œuvre du projet
- Réadapter le projet selon la situation

Évaluation ex-post

- Indispensable pour le rapport final
- S'assurer que les objectifs ont été atteints
- Évaluer l'efficacité du partenariat dans la mise en œuvre du projet
- Mesurer l'impact du projet sur les bénéficiaires

Cas pratique

Pour l'évaluation ex-ante, les enfants ont été rassemblés et des questions simples leur ont été posées dans le but de comprendre l'idée qu'ils se font du plaisir de lire. Les statistiques qui ont été utilisées pour préparer la demande de subvention ont été réutilisées pour analyser la situation avant le début du projet.

Pour l'évaluation ex-itinere, les jeunes participants répondent aux mêmes questions qu'au début. Leur fréquentation à la bibliothèque, leur intérêt pour la lecture et leurs résultats scolaires sont également pris en compte.

Pour l'évaluation ex-post, on demande aux enfants de partager le point de vue qu'ils ont désormais sur le plaisir de lire. La progression de leurs résultats scolaires sert de preuve pour mesurer l'impact du projet.

Le reportage audiovisuel présente une évaluation continue du projet tout au long de sa mise en œuvre. Il permettra de garder une trace de l'évolution du projet et des progrès réalisés par les élèves.

18 e Respecter les règles de publicité

Il est obligatoire d'annoncer qui finance votre projet. Pour les programmes de cofinancement européens, c'est une obligation contractuelle qui peut mener au remboursement partiel ou total de la subvention versée si elle n'est pas respectée.

Les règles

Toutes les publications, toute autre activité de dissémination et tout article promotionnel produits dans le cadre du projet (par exemple des articles, des rapports, des séminaires ou ateliers, des présentations PowerPoint, un site internet, etc.) devront toujours avoir une référence claire au cofinanceur (par exemple l'Union européenne, le fonds et/ou le programme cofinançant le projet).

1/ Le drapeau européen

Vous devez utiliser le drapeau européen à chaque fois, peu importe le programme de cofinancement.

2/ Le logo du programme

Vous devez utiliser le logo du programme européen qui cofinance votre projet. Chaque logo est téléchargeable sur le site internet du programme.

3/ La référence au fonds (si nécessaire)

Vous devez faire référence au fonds soutenant votre projet. Pour le FEDER, le slogan est « *Fonds européen de développement régional / L'Union européenne investit dans votre avenir* » ou « *Ce projet est cofinancé par le FEDER et a été possible grâce au programme INTERREG EUROPE* » etc.

PROJETS EUROPÉENS

Note

Le cofinanceur peut vous fournir des autocollants, des affiches, ou une charte graphique.

Cas pratique

Le début du projet de l'association ABCD est cofinancé par une subvention française de la part de la Fondation de France. Concernant le partenariat franco-britannique, les activités sont cofinancées par le programme européen ERASMUS +.

Pour chaque activité menée au cours de la mise en œuvre du projet, la référence aux cofinanceurs doit être claire. Par exemple, le logo de chaque cofinanceur doit apparaître sur le blog, la newsletter mensuelle, chaque document utilisé pour la communication et dans le livre bilingue remis aux participants à la fin du projet.

La référence aux cofinanceurs peut être présentée ainsi :

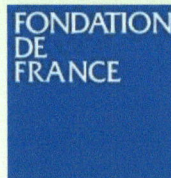

Ce projet est cofinancé par la Fondation de France.

Ce projet est cofinancé par l'Union européenne

via le programme ERASMUS +

Les rapports au cofinanceur

Les rapports sont une obligation contractuelle pour les projets européens. Ils servent à communiquer au cofinanceur l'état d'avancement du projet et à permettre les paiements de la subvention.

Conseils

Chaque programme européen a ses propres exigences en ce qui concerne les rapports à remettre. Vérifiez votre accord de partenariat et votre convention de subvention.

1/ Rapport d'avancement

Dans la demande de subvention, vous avez dû lister les différents objectifs de votre projet et ses retombées attendues. Pour le rapport d'avancement, vous devez inclure ces informations et les actualiser pour illustrer la progression de votre projet depuis son lancement.

Aussi, vous devez préparer un rapport financier pour les dépenses réalisées dans le cadre de votre projet. N'oubliez pas de garder et de fournir tous les documents justificatifs demandés par l'autorité de gestion.

Vous devez respecter différentes dates limites pour l'envoi de vos rapports. Chaque programme européen a ses propres conditions, veillez donc à les vérifiez dans les conditions générales pour plus de précisions.

2/ Rapport final

À la fin de votre projet, vous devez soumettre un rapport final. Vous devez résumer les principales réussites de votre projet. Le rapport final doit montrer l'impact du projet depuis sa mise en œuvre et ce que vous avez appris de votre expérience (voir 20. L'impact du projet). Vous devez aussi soumettre le dernier rapport financier allant jusqu'à la clôture du projet. **Ce rapport est incontournable pour obtenir le dernier paiement de la subvention.** Chaque programme européen fixe ses propres dates limites que vous devez respecter.

PROJETS EUROPÉENS

Aide-mémoire pour les rapports

Voici une liste pour vous aider à gérer la procédure des comptes-rendus :

DATES LIMITES POUR LA REMISE DES COMPTES-RENDUS (collecte des données et des justificatifs)	
RAPPELS AUTOMATIQUES (Outlook)	
ÉTAPES-CLÉS	
PERSONNES-CLÉS	
SYSTÈMES À METTRE EN PLACE POUR LA COLLECTE / FORMATS DES DOCUMENTS	
UTILISER LES RÉUNIONS DE PROJET POUR UNE MISE À JOUR SUR LA PROGRESSION	

18 g

La dissémination

La dissémination est importante dans la vie du projet. Elle est requise pour votre projet européen et permet de faire connaître l'impact du projet au-delà de son partenariat direct.

Conseils

Pour une dissémination efficace de votre projet, vous devez vous référer à votre plan de communication (voir 10. Définir un plan de communication).

La dissémination peut prendre différentes formes :

- Vous pouvez organiser des **événements spéciaux**, des conférences ou des séminaires pour communiquer sur votre projet et sa progression. Pensez à impliquer des acteurs locaux clé (par exemple des entreprises, des associations, les autorités locales, les établissements d'enseignement supérieur, etc.) pour élargir la dissémination.

- **Internet** sera votre meilleur ami dans la dissémination. Vous pouvez créer un site internet ou un blog multilingue pour votre projet, et n'hésitez pas à abuser des réseaux sociaux !

- Vous pouvez préparer une **newsletter** multilingue que vous pouvez envoyer tous les mois soit sous format électronique, soit sous format papier, aux acteurs locaux clé dans la région de chaque partenaire.

- Vous pouvez créer des **articles promotionnels** (par exemple des tee-shirts, des stylos, des affiches, etc.) avec le logo de votre projet.

- Votre projet peut contenir des **produits** (logiciels, DVD, livre, exposition, etc.). En cas de commercialisation de ceux-ci, les conditions de vente devront être spécifiées dans l'accord de partenariat et la convention de subvention.

Cas pratique

Voici le logo réalisé pour le projet :

D - liREading

Daily Reading

Ce logo est utilisé sur le blog du projet et au cours de chaque activité de communication afin de renforcer l'identité du projet. Des casquettes, des stylos et des T-shirts avec le logo du projet sont distribués aux participants et utilisés pendant les visites chez le partenaire de l'autre côté de la Manche.

Pendant les réunions et les conférences, le logo est imprimé sur les documents et les programmes. Le logo est en tête de la newsletter mensuelle et sur la couverture du recueil bilingue.

La gestion financière

La gestion financière est primordiale dans la gestion de projet. Mettre en place une organisation efficace dès le début de la mise en œuvre du projet vous sera d'une aide précieuse.

Il n'y a pas de secret : si vous voulez rester maître du budget de votre projet, vous devez être bien organisé. Avant toute chose, chaque partenaire impliqué dans le projet doit garder sa comptabilité à jour. Ensuite, le partenariat doit mettre en place un système pour envoyer au porteur de projet tous les justificatifs demandés afin d'envoyer les demandes de paiement au cofinanceur (voir 18 i. Prévoir les audits).

Exemple: Les partenaires envoient les documents à la fin de chaque mois de mise en œuvre du projet pour obtenir leur part de la subvention.

Il faut toujours vérifier les conditions du cofinanceur pour s'assurer que vos dépenses sont éligibles pour être prises en charge. Le cofinanceur peut fournir un guide pour vous aider.

Certaines dépenses (voir ⭐) telles que les coûts de personnel, la sous-traitance, les frais généraux et les amortissements sont soumises à des méthodes de calcul particulières. Le cofinanceur peut fournir des modèles et vous demander de les utiliser. Vérifiez votre convention de subvention ou le guide explicatif fourni.

Dans les pages suivantes, vous trouverez quelques conseils pour calculer ces coûts spécifiques.

Note

- Vous DEVEZ dépenser la totalité de la subvention, ce qui signifie que vous ne pouvez pas économiser l'argent de la subvention dans l'espoir de garder la différence à la fin de la mise en œuvre du projet.
- Inversement, vous ne pouvez pas être au-dessus du budget. Le cofinanceur peut autoriser une marge d'erreur concernant le budget du projet (voir 18 j. Les problèmes potentiels).
- Quand cela est possible, travaillez toujours en collaboration avec les services financiers ou une personne référente au sein de votre organisation.
- N'oubliez pas que le cofinanceur a établi des dépenses éligibles et non-éligibles.
- Il faut toujours garder une preuve de paiement et une facture pour chaque dépense réalisée.
- Votre organisation doit être en mesure d'avancer de l'argent car il peut y avoir des problèmes de liquidités.
- Les subventions européennes sont calculées et évaluées en euros (voir ANNEXE B. Gérer la conversion entre l'euro et les autres monnaies).

Modèle pour la gestion financière

Voici un modèle pouvant vous aider à gérer le budget de votre projet. Les lignes budgétaires peuvent varier selon le cofinanceur.

Ajoutez autant de colonnes que nécessaire selon la durée du projet.

Ajoutez autant de lignes que nécessaire selon le nombre de partenaires.

	Mois 1	Mois 2	Mois 3	Mois 4	Sous-total
RECETTES					
PORTEUR DE PROJET					
Cofinanceur A					0,00 €
Cofinanceur B					0,00 €
Cofinanceur C					0,00 €
Ressources propres					0,00 €
Contribution en nature (immobilisations)					0,00 €
Contribution en nature (dépenses de fonctionnement)					0,00 €
Dons					0,00 €
Recettes directes générées par le projet					0,00 €
Sous-total A.1	0,00 €	0,00 €	0,00 €	0,00 €	0,00 €
PARTENAIRE A					
Cofinanceur A					0,00 €
Cofinanceur B					0,00 €
Cofinanceur C					0,00 €
Ressources propres					0,00 €
Contribution en nature (immobilisations)					0,00 €
Contribution en nature (dépenses de fonctionnement)					0,00 €
Dons					0,00 €
Recettes directes générées par le projet					0,00 €
Sous-total A.2	0,00 €	0,00 €	0,00 €	0,00 €	0,00 €
Sous-total A (A.1 + A.2)	0,00 €	0,00 €	0,00 €	0,00 €	0,00 €
DÉPENSES					
PORTEUR DE PROJET					
IMMOBILISATIONS					
A/ Infrastructures, locaux, rénovation					0,00 €
B/ Autres immobilisations					0,00 €
DÉPENSES DE FONCTIONNEMENT					
C/ Coûts de personnel					0,00 €
D/ Coûts d'audit financier (si nécessaire)					0,00 €
E/ Coûts de déplacement et de subsistance					0,00 €
F/ Traduction, interprétariat					0,00 €
G/ Communication et dissémination					0,00 €
H/ Sous-traitants					0,00 €
I/ Frais généraux					0,00 €
J/ Amortissement					0,00 €
K/ Consommables					0,00 €
Sous-total B.1	0,00 €	0,00 €	0,00 €	0,00 €	0,00 €
PARTENAIRE A					
IMMOBILISATIONS					
A/ Infrastructures, locaux, rénovation					0,00 €
B/ Autres immobilisations					0,00 €
DÉPENSES DE FONCTIONNEMENT					
C/ Coûts de personnel					0,00 €
D/ Coûts d'audit financier (si nécessaire)					0,00 €
E/ Coûts de déplacement et de subsistance					0,00 €
F/ Traduction, interprétariat					0,00 €
G/ Communication et dissémination					0,00 €
H/ Sous-traitants					0,00 €
I/ Frais généraux					0,00 €
J/ Amortissement					0,00 €
K/ Consommables					0,00 €
Sous-total B.2	0,00 €	0,00 €	0,00 €	0,00 €	0,00 €
Sous-total B (B.1 + B.2)	0,00 €	0,00 €	0,00 €	0,00 €	0,00 €
Solde net de trésorerie (Sous-total A - Sous-total B)	0,00 €	0,00 €	0,00 €	0,00 €	0,00 €

1/ Le calcul des coûts de personnel

Les coûts de personnel doivent être calculés sur une base mensuelle au pro rata, sauf si le personnel est employé à temps plein sur le projet. Dans ce cas, les fiches de paie suffiront.

1. Le personnel impliqué dans le projet doit remplir une fiche mensuelle reprenant leur temps dédié au projet.

2. Vous devez connaître les **coûts mensuels de personnel** de l'organisation pour chaque membre impliqué (salaire brut + sécurité sociale + retraite);

3. Vous devez savoir combien de **jours ont été travaillés au total pendant le mois** par chaque salarié impliqué dans le projet.

4. Vous devez connaître le **nombre de jours travaillés et dédiés au projet** par chaque membre du personnel impliqué.

5. Vous êtes maintenant en mesure de calculer le taux mensuel des coûts du personnel pour chaque salarié impliqué.

$$\text{Coûts de personnel} \times \frac{\text{Jours travaillés sur le projet}}{\text{Jours travaillés au total}} = \boxed{\text{Coûts de personnel par mois pour le projet}}$$

Le bénévolat est considéré comme une contribution en nature. Il faudra se référer à un salaire équivalent au poste pour calculer sa valeur.

Exemple:

Jean Dupont est chargé du projet européen XYZ.

–   L'organisation 1234 dépense **1800 €** pour son poste tous les mois.

–   Jean a travaillé **22 jours** en juin.

–   Jean a passé **12 jours** en juin sur le projet européen.

$$1800\ € \times \frac{12}{22} = \boxed{981,81\ €}$$

Note

- Répétez le calcul pour chaque membre du personnel impliqué.
- Le cofinanceur peut appliquer un taux forfaitaire pour les coûts de personnel, ou
- Le cofinanceur peut fournir sa propre méthode de calcul.

2/ Le calcul des frais généraux

Les frais généraux sont éligibles sous certaines conditions définies par le cofinanceur. Dans tous les cas, les frais généraux doivent être directement liés au projet. Ces coûts peuvent concerner le chauffage, l'électricité, le loyer, les télécommunications, etc.

Vous devez calculer les coûts réels engagés pour le projet.

Vous devez identifier le taux des jours travaillés et dédiés au projet par les salariés impliqués.

JUIN		
Salariés impliqués	Jours dédiés au projet	Total des jours travaillés
Jean	12	22
Pierre	3	22
Marie	20	22
Elisabeth	1	22
TOTAL	36	88

L'association 1234 dépense chaque mois :

- 350 € pour l'électricité

- 1500 € pour le loyer

- 225 € pour les télécommunications (internet, téléphone, courrier).

Le total des frais généraux s'élève à 2075 €. La méthode de calcul pour les frais généraux liés au projet est la suivante :

$$2075 € \quad \times \quad \frac{36}{88} \quad = \quad \boxed{848,86 €}$$

Note

- Gardez chaque justificatif pour chaque dépense faite (facture ou reçu)
- Le service finances de votre organisation a peut-être déjà calculé un taux pour les frais généraux
- Le cofinanceur peut appliquer un taux forfaitaire concernant les frais généraux, ou
- Le cofinanceur peut fournir sa propre méthode de calcul.

3/ Le calcul des frais d'amortissement

Ici, les frais d'amortissement concernent la perte de valeur au fil du temps d'un bien acquis dans le cadre du projet. Les frais d'amortissement ne sont pas des dépenses « classiques » mais ils doivent être pris en compte dans le budget de votre projet.

Pour calculer les frais d'amortissement d'un bien, il faut les informations suivantes :

- La durée totale du projet en nombre de mois

- La date d'achat du bien

- Le coût d'achat du bien

- Le taux d'utilisation du bien

1. Vous devez calculer le nombre de mois dans une année pendant lesquels vous utilisez le bien, et le diviser par la durée totale de votre projet en mois.

2. Multipliez ce résultat par le coût d'achat du bien (prix toutes taxes comprises pour les associations à but non lucratif, prix hors taxe pour les entreprises)

3. Multipliez le résultat par le taux d'utilisation du bien

Exemple:

La durée du projet XYZ est de 24 mois du 1er mars 2015 au 28 février 2017. L'association à but non lucratif 1234 achète un ordinateur le 1er septembre 2015 et dépense 900€ (toutes taxes comprises). Le taux d'utilisation de l'ordinateur pour le projet est de 60%

2015	2016	2017
(4/24) X 900 X 60% = 90€	(12/24) X 900 X 60% = 270€	(2/24) X 900 X 60% = 45€
90/4 = **22,5€** par mois	270/12 = **22,5€** par mois	45/2 = **22,5€** par mois
(*à partir de septembre*)		(*jusqu'en février*)

4/ Les conditions pour la sous-traitance

Vous pouvez faire appel à la sous-traitance pendant la mise en œuvre de votre projet. Sous-traiter certaines des activités du projet doit laisser votre budget équilibré et la part doit rester faible en comparaison de la totalité des activités à mener. C'est pour cela qu'il est nécessaire d'ajouter des partenaires complémentaires au sein du partenariat afin de limiter l'appel à des sous-traitants (voir 5. Mettre en place un partenariat solide)

Le cofinanceur, l'État et votre organisation peuvent imposer des règles spécifiques pour la sous-traitance selon le montant en jeu. Voici quelques exemples :

Coût de la sous-traitance	Conditions
En dessous de 5000€	Libre de choix
Entre 5000€ et 20000€	Trois devis sont à présenter
Au dessus de 20000€	Appel d'offres

En cas d'appel d'offres, les devis doivent être conservés en tant que justificatifs dans le cas d'un éventuel audit par le cofinanceur (voir 18 i. Prévoir les audits).

18 i   Prévoir les audits

La Commission européenne peut décider d'effectuer un audit sur un projet* au cours de sa mise en œuvre et jusqu'à cinq ou dix ans après sa clôture (selon le programme européen). L'audit vise à vérifier que les dépenses pour le projet couvertes par la subvention européenne respectent les règles d'éligibilité définies dans la convention de subvention, laquelle a été signée par les partenaires du projet et l'autorité de gestion (voir 16. Préparation administrative, 3/ La convention de subvention).

Le porteur de projet, un partenaire ou même un sous-traitant peuvent être concerné par l'audit. Dans ce cas, l'organisation doit mettre à la disposition de l'auditeur mandaté par la Commission européenne un poste de travail. L'auditeur doit aussi avoir un accès complet aux justificatifs originaux quelque soit leur nature.

N'oubliez pas que chaque justificatif prouvant chaque dépense réalisée dans le cadre du projet doit être conservé, que ce soit pendant la phase de développement du projet jusqu'à sa clôture (en fonction de la période d'éligibilité). Dans une plus large mesure, les justificatifs doivent prouver que votre projet a bien été réalisé. Vous devez garder tous les originaux et les classer par ligne budgétaire et en ordre chronologique. Pensez aussi à numériser les documents au cas où l'original serait perdu.

Le porteur de projet doit mettre en place un système au sein du partenariat pour rassembler les documents et préparer les demandes de paiement à envoyer à l'autorité compétente (voir 18 b. Le rôle du porteur de projet). La communication entre les partenaires est cruciale pour répondre aux exigences du cofinanceur et respecter les dates limites d'envoi des demandes de paiement.

Selon le RÈGLEMENT (EURATOM, CE) N° 2185/96

Note

- Si votre organisation est de taille importante, vous devez collaborer avec le service finances.
- Vous devez mettre en place un système de codification pour les justificatifs :
  - Vous pouvez attribuer une lettre pour chaque ligne budgétaire
  - Et un nombre unique pour chaque document selon la chronologie
- Vous pouvez résumer dans un tableau les justificatifs selon le système de codification et la date, l'objet, le fournisseur et la ligne budgétaire.
- Vous devez garder les justificatifs même après la clôture du projet.

IMMOBILISATIONS

A/ INFRASTRUCTURES, LOCAUX, RÉNOVATION

Devis en cas d'appel d'offres

Acte de vente ou quittance de loyer

Factures et reçus

B/ AUTRES IMMOBILISATIONS

Devis en cas d'appel d'offres

Factures et reçus

DÉPENSES DE FONCTIONNEMENT

C/ COÛTS DE PERSONNEL

Feuilles de temps mensuelles

Fiches de paie

Copies de l'agenda de chaque membre du personnel impliqué dans le projet

Ordre du jour et comptes rendus pour chaque participation à une réunion ou un séminaire

D/ COÛTS D'AUDIT FINANCIER (si nécessaire)

Devis en cas d'appel d'offres

Factures et reçus

E/ COÛTS DE DÉPLACEMENT ET DE SUBSISTANCE

Tickets de bus, billets de train et d'avions, etc.

Factures pour l'hébergement et la restauration

F/ TRADUCTION, INTERPRÉTARIAT

Devis en cas d'appel d'offres

Factures et reçus

G/ COMMUNICATION ET DISSÉMINATION

Devis en cas d'appel d'offres

Factures et reçus

H/ SOUS-TRAITANTS

Devis en cas d'appel d'offres

Factures et reçus

I/ FRAIS GÉNÉRAUX

Factures et reçus

Justificatif de l'approbation de la méthode de calcul par le cofinanceur

J/ AMORTISSEMENT

Justificatif de l'approbation de la méthode de calcul par le cofinanceur

Facture pour chaque achat réalisé

K/ CONSOMMABLES

Devis en cas d'appel d'offres

Factures et reçus

CONTRIBUTIONS EN NATURE

L/ BÉNÉVOLAT

Feuilles de temps

M/ MISE À DISPOSITION DE TERRAIN, BIENS IMMOBILIERS, ÉQUIPEMENT, MATIÈRES PREMIÈRES

Acte de donation ou de mise à disposition

Aide-mémoire pour bien anticiper les audits :
liste non exhaustive des justificatifs à conserver

Pour chaque paiement réalisé, gardez un justificatif !

(ordre de virement, numéro du chèque, etc.)

18 j — Les problèmes potentiels

Mettre en œuvre un projet n'est pas une chose aisée et vous devrez certainement affronter des difficultés. Vous trouverez ci-dessous quelques conseils pratiques :

PROBLÈME	SOLUTION
COORDINATION DU PARTENARIAT	
Désaccords entre les partenaires	**1/ Diplomatie, sang-froid et discussion :** Vous devez comprendre les raisons du désaccord pour pouvoir trouver la meilleure solution possible. **2/ Table ronde** : Organisez une réunion ou une vidéoconférence avec tous les partenaires et encouragez-les à prendre part à la discussion. La solution doit pouvoir venir de tous. Vous pouvez désigner en tant que médiateur un des partenaires qui n'est pas impliqué dans le conflit, mais dans les situations plus importantes, vous devrez faire appel à un médiateur externe. **3/ Compromis et consensus**: il est difficile de trouver une solution respectant les attentes de chacun, c'est pour cette raison que chaque partenaire devra faire un effort pour trouver un compromis.
Manque de communication entre les partenaires	**1/ Compréhension** : Est-ce que votre système de communication est efficace ? Est-ce que chaque partenaire comprend son rôle dans le cadre du projet et à quel point il est important de communiquer ? **2/ Organiser des réunions ou des vidéoconférences** : Les réunions sont importantes pour faire circuler l'information entre les partenaires et prendre des décisions concernant le projet.
Manque d'implication de l'un des partenaires	**1/ Discussion**: Vous devez comprendre pourquoi le partenaire n'est pas assez impliqué. Est-ce à cause d'un manque de moyens ou d'un manque d'intérêt et de motivation ? **2/ Table ronde** : Tous les partenaires doivent se rencontrer et discuter pour trouver une solution. Est-ce que le partenaire concerné a besoin du soutien des autres partenaires ou doit-il quitter le partenariat ? **3/ Décision**: si le partenaire veut quitter le projet, le partenariat devra en informer le cofinanceur et s'assurer qu'il respecte toujours les conditions concernant sa composition.

Note

Si vous avez besoin de modifier le projet, vous devez vous référer à la convention de subvention signée avant le début du projet. Avant de faire une demande au cofinanceur, assurez-vous de respecter les délais requis.

PROBLÈME	SOLUTION
MISE EN ŒUVRE	
Retards dans la mise en œuvre des activités	**1/ Compréhension :** Quelles sont les causes du retard ? Est-ce un manque de moyens ou une mauvaise gestion du temps ? **2/ Réadaptation :** Votre projet a besoin d'être réadapté pour rattraper le retard. Vous devez revoir le planning du projet et impliquer plus de personnel ou de partenaires dans les activités retardées. **3/ Modification:** Selon des conditions spécifiques, vous pouvez demander une extension du projet au cofinanceur. Sachez que vous n'obtiendrez pas de subvention supplémentaire pour cette prolongation.
Les objectifs ne sont pas atteints	**1/ Compréhension :** Est-ce que chaque partenaire a compris les objectifs du projet ? Le partenariat doit se rappeler qu'il a un engagement contractuel avec le cofinanceur (voir 16. Préparation administrative 3/ La convention de subvention). **2/ Réadaptation :** Votre projet doit être réadapté pour s'assurer que les partenaires atteindront les objectifs. Il faut revoir l'organisation entre les partenaires et le planning du projet.
Problèmes externes (maladie, congé maternité, démission de l'un des chargés de projet impliqué)	**1/ Rassembler les justificatifs :** Ils seront utiles pour négocier une prolongation du projet avec le cofinanceur. De plus, certains programmes européens peuvent prendre en charge les coûts de personnel pour un congé maternité par exemple. **2/ Réadaptation :** Il faut voir avec le partenaire si un remplacement temporaire ou permanent peut être mis en place. Il faut aussi réattribuer les activités et revoir le planning du projet. Vous pouvez demander une prolongation du projet au cofinanceur si besoin.
BUDGET	
Vous dépassez le budget	**1/ Suivi :** Gardez la comptabilité du projet toujours à jour. Identifiez les lignes budgétaires posant problème. **2/ Réadaptation :** Redéfinissez le budget du projet et l'attribution de la subvention entre les lignes budgétaires quand cela est possible. Sachez que certains programmes européens tolèrent une marge d'erreur vis-à-vis du budget établi dans la demande de subvention.
Vous êtes en-dessous du budget	
TÂCHES ADMINISTRATIVES	
Les partenaires n'ont pas envoyé les justificatifs pour les demandes de paiement	**1/ Compréhension :** Votre système de communication est-il efficace ? Est-ce que chaque partenaire comprend l'importance des demandes de paiement, des rapports et de l'évaluation ? **2/ Réagir :** Mettez en place des dates limites pour que les partenaires vous envoient les informations, au moins une semaine avant la date limite officielle fixée par le cofinanceur.
Les partenaires n'ont pas envoyé les informations nécessaires pour les rapports et l'évaluation	

19 La clôture du projet

Tout est bien qui finit bien.

La clôture du projet est aussi importante que les autres étapes de mise en œuvre du projet. L'étape devra être suivie avec la plus grande attention.

Ce que vous avez à faire

- Vous devez organiser une réunion transnationale finale entre les partenaires (voir 18 c. Organiser les réunions et les événements). La dernière réunion peut être organisée dans un lieu ayant une signification spéciale pour le projet, par exemple à l'occasion d'un séminaire ayant la même thématique. La réunion est utile pour la préparation du rapport final, pour l'évaluation du projet et pour la suite à lui donner après la clôture.

- Jusqu'à une date limite choisie par le partenariat, vous devez poursuivre le travail de dissémination concernant les résultats du projet vers le public cible et le public en général, à un niveau local, national, européen et international (voir 18 g. La dissémination). N'oubliez pas de respecter les obligations concernant la publicité (site internet, applications, packs éducatifs, équipement, etc.) (voir 18 e. Respecter les règles de publicité).

- Dans le cas d'un projet européen, vous devez envoyer un rapport final à l'autorité de gestion. Vous devez résumer les principales réussites de votre projet et les évaluer. Vous devez aussi soumettre le dernier rapport financier allant jusqu'à la clôture du projet. Ce rapport est incontournable pour obtenir la dernière partie de la subvention. Chaque programme européen fixe ses propres dates limites, veillez à les respecter (voir 18 f. Les rapports au cofinanceur).

Choses à ne pas oublier

- **Matériel et équipement :** Lequel des partenaires s'en occupera après la clôture du projet ? Doit-on garder ou fermer le site internet ? Etc.

- **Personnel :** Combien de salariés sont nécessaires pour préparer les rapports finaux et assurer les activités de clôture ?

- **Audit et évaluation** : Est-ce que le porteur de projet a bien réceptionné tous les justificatifs et les informations nécessaires à l'évaluation de la part de ses partenaires ?

- **Paiement final** : Les partenaires ont-ils fait le nécessaire pour obtenir le paiement final ?

- **Clôture des comptes :** Le budget final du projet est-il équilibré ?

Cas pratique

Une réunion finale avec les parents des jeunes participants et les acteurs-clé locaux est organisée de chaque côté de la Manche. Cela peut aussi être l'occasion d'organiser la dernière réunion transnationale entre les partenaires, éventuellement en France étant donné que le porteur de projet est français.

Le recueil bilingue est offert aux participants pour marquer la fin de l'année scolaire et du projet. Les propriétés intellectuelles pour le livre appartiennent au partenariat mais la réédition pourra être confiée à l'association ABCD en tant que porteur de projet.

Le blog du projet ne sera pas tenu à jour après la clôture du projet mais il restera disponible sur internet.

20 L'impact du projet

Impact : la marque que vous laissez

Il est utile de mesurer l'impact créé par votre projet dans son domaine d'action et auprès de ses bénéficiaires grâce à l'évaluation (voir 18 d. L'évaluation). Cela vous sera demandé dans le rapport final du projet, en particulier pour les projets européens.

L'impact est la différence entre la situation initiale avant le début de votre projet et la situation finale une fois votre projet abouti. En d'autres termes, répondez à la question suivante : Qu'est-ce que mon projet a changé ?

La meilleure façon d'évaluer cet impact est de mener une évaluation continue et pertinente, du tout début du projet jusqu'à la fin de sa mise en œuvre.

Pour mesurer l'impact, vous devez vous référer à l'évaluation qui a été menée avant le début du projet (évaluation ex-ante), ainsi qu'aux étapes-clé que vous avez définies tout au long de votre projet (par exemple, tous les trois mois ou à la fin de la mise en œuvre d'un *Work Package*).

Il sera très difficile de mesurer l'impact de votre projet sans un processus d'évaluation correctement mené.

Cette étape est une bonne opportunité pour vos partenaires et pour vous-même de voir ce qui a été accompli, les points forts de la mise en œuvre du projet et ce qui pourrait être amélioré. Aussi, peut-être aurez-vous envie de poursuivre le partenariat et de mener ensemble de nouveaux projets ? (voir 1. L'idée).

Cas pratique

Le projet D - liREading a aidé les enfants à gagner en confiance et à apprécier les déplacements à la bibliothèque et la lecture des livres. Les ateliers avec leurs parents ont renforcé leur relation et lire un livre avec eux est devenu un vrai moment de partage et de complicité. Les résultats à l'école se sont améliorés et les enfants sont plus attentifs en classe.

Les écoles ont décidé de poursuivre les déplacements à la bibliothèque à un rythme hebdomadaire et la venue d'un conteur professionnel tous les mois. Les enfants auront la possibilité de continuer leur correspondance avec leurs amis anglais ou français. Les écoles informeront l'association partenaire dans leur pays sur les activités menées pour le plaisir de lire.

Le partenariat envisage la possibilité de renouveler leur collaboration au cours d'un nouveau projet, par exemple sur le thème de la culture ou du théâtre.

À suivre...

ANNEXES

A   Les logiciels pour la gestion de projet

Ils vont vous changer la vie !

Sur internet, vous trouverez de nombreux logiciels pouvant vous aider à monter et à gérer votre projet. Certains sont gratuits, mais d'autres sont payants. Chaque logiciel a des options qui lui sont propres et qui peuvent ainsi répondre à vos attentes.

Ils peuvent vous aider à préparer l'analyse AFOM, une réunion, ou à mettre au point un diagramme de Gantt.

Voici une rapide présentation de trois logiciels pouvant vous être utiles :

1/ MindGenius©
• Création de cartes heuristiques (*Mind mapping*) intuitive
• De nombreux modèles disponibles (aide pour le montage de projet, gain de temps et limiter les oublis)
• Vue complète du diagramme de Gantt (suivi de l'avancement du projet, identification des besoins et risques)
• Édition de rapports d'avancement
• Attribution des tâches via Microsoft Outlook (meilleure communication au sein de l'équipe)
• Exportation vers différents types de fichiers Microsoft (Excel, PowerPoint, Word, etc.)

Prix	Licence pour utilisateur unique : 189€ Licence pour cinq utilisateurs : 910€ Licence pour dix utilisateurs : 1781€

2/ Microsoft Visio[©]	
• Diagrammes, graphiques et plans de travail	
Prix	Microsoft Visio Standard : 399€ Microsoft Visio Professional Plus : 739€

3/ XMind[©]	
• Création de cartes heuristiques (*Mind mapping*) • Quelques modèles disponibles • Présentation du projet en diagramme de Gantt (non disponible dans la version gratuite)	
Prix	Version gratuite (options limitées) XMind 6 Plus : 62€ XMind 6 Pro : 79€

Spécial projets européens : gérer la conversion entre l'euro et les autres monnaies

Bon à savoir

Chaque subvention accordée par la Commission européenne (ou l'autorité de gestion) sera calculée et versée en euros.

Les porteurs de projet et les partenaires qui sont établis au sein de l'Union européenne, mais en dehors de la Zone Euro, ou une organisation basée en dehors de l'Union européenne, devront s'adapter et prendre en compte cette règle dès le début du montage du projet.

1/ Estimations au moment de la demande de subvention

Au cours de la préparation de la demande de subvention, vous devez estimer le budget de votre projet. Dans un premier temps, si la monnaie de votre pays n'est pas l'euro, commencez à calculer le budget dans cette monnaie puis faites la conversion en euros en utilisant le site internet officiel de la Commission européenne. Il faudra se référer au mois pendant lequel vous travaillez sur l'estimation du budget

Dans le tableau du budget de votre projet, insérez une colonne pour la monnaie de votre pays et une autre pour les euros.

2/ La convention de subvention

Tout d'abord, revoyez l'estimation de votre budget car la subvention a de fortes chances d'être en-dessous de vos attentes. Aussi, le taux de change a certainement évolué depuis le calcul de l'estimation. Mettez votre budget à jour en utilisant le site internet dédié (voir ci-dessus) en vous référant au mois pendant lequel vous faites la mise à jour.

3/ Mise en œuvre du projet

Au cours de la mise en œuvre du projet, vous devez gérer votre budget pour chaque partenaire, chaque mois et chaque ligne budgétaire.

Pour les partenaires en dehors de la Zone Euro, vous devez calculer leur budget dans leur monnaie nationale puis réaliser la conversion en euros. Il faudra utiliser le mois où la dépense a été réalisée en tant que référence.

Le site officiel de la Commission européenne est disponible pour les conversions entre l'euro et les autres monnaies.

BUDGET

Commission européenne

Commission européenne › ... › marchés et subventions › information aux contractants › InforEuro

INFOREURO

Cours comptable mensuel de l'Euro

(Currency converter)

⊕ Liste des pays | € Liste des devises | ❶ Pour en savoir plus sur l'InforEuro | ✦ Services Web

🔍 Taux mensuels   2016 ▼   5 ▼   ◉

Accès direct par devise (Code ISO) ou par pays (géonomenclature)   ◉

CURRENCY CONVERTER

Année   2016 ▼   Mois   5 ▼

Montant   1

De

EUR (Euro)   ▼

Vers   II

GBP (Livre sterling)   ▼

1 EUR = 0.77838 GBP

Veuillez noter que le montant converti est arrondi à la 5e décimale.

http://ec.europa.eu/budget/contracts_grants/info_contracts/infoeuro/infoeuro_fr.cfm

Note

Les règles de conversion qui devront être respectées au cours de la phase de développement et de la mise en œuvre du projet sont définies dans les guides de chaque programme européen. Les règles sont par ailleurs rappelées dans la convention de subvention signée entre le partenariat et l'autorité de gestion.

C Gestion du temps : faire face à des délais serrés

Les choses à faire

- **Liste des choses à faire** : listez les missions dont vous avez la charge,

- **Planning** : gardez votre agenda à jour que ce soit en format papier ou électronique. Vous pouvez utiliser un code couleur pour vous y retrouver. Pensez à garder du temps libre pour pouvoir gérer les imprévus,

- **Rangement** : gardez votre espace de travail rangé, triez les documents et débarrassez-vous des choses inutiles,

- **Notes** : prenez des notes pendant une réunion ou quand on vous confie des missions. Gardez toujours de quoi noter avec vous,

- **Sauvegarde des documents** : vérifiez que vos documents sont sauvegardés dans différents endroits comme l'ordinateur, le serveur, le cloud ou un disque dur externe. Envoyez-vous par e-mail les documents les plus importants comme votre demande de subvention,

- **Concentration** : évitez les éléments perturbateurs comme les appels téléphoniques, les e-mails, les réseaux sociaux, les réunions et les visites des collègues ou des clients. Vous pouvez demander à l'un de vos collègues de prendre vos appels pendant un petit moment, déconnectez-vous d'internet et fermez la porte du bureau pour plus de tranquillité,

- **Limitez les déplacements** : si possible, préférez les appels téléphoniques et les vidéoconférences plutôt que les réunions. Sinon, profitez du temps du trajet pour lire les e-mails, vos documents et préparer les réunions suivantes,

- **Travail en équipe** : faites circuler les informations au sein de votre équipe et attribuez des tâches à chacun,

- **Aller à l'essentiel** : gardez votre objectif en vue et gardez votre énergie pour l'atteindre. Gérer les tâches urgentes en priorité et les autres plus tard,

- **Profiter des périodes creuses** : faites le point sur les choses accomplies et les missions à venir. Rangez votre bureau, mettez votre agenda à jour et préparez vous pour la suite.

Les outils pour une gestion du temps efficace

- **Diagramme de Gantt** : les tâches à accomplir sont listées en différentes catégories à l'aide d'un tableur. Pour chacune d'entre elles, vous devez entrer leur date de début, leur durée et leur date de fin prévues, ainsi que leur date de fin réelle. Le logiciel pourra générer un diagramme illustrant la progression des tâches. Pour plus d'information sur le diagramme de Gantt, voir 18 a. Suivi de projet : le diagramme de Gantt.

- **La matrice d'Eisenhower** : les tâches à accomplir sont réparties en quatre catégories selon leur degré d'importance et d'urgence. Cet outil est utile pour la prise de décision et la gestion du temps :

+   U R G E N C E   -

+

I
M
P
O
R
T
A
N
C
E

-

1 À faire tout de suite

Important et urgent

2 À faire plus tard

Important mais pas urgent

3 À confier à quelqu'un d'autre

Pas important mais urgent

4 À mettre de côté

Ni important ni urgent

Dans les moments urgents

- **Gérer les priorités :** préparez une liste des choses à faire. Vérifiez-les avec le diagramme de Gantt et classez-les avec la matrice d'Eisenhower,

- **Prise de décision :** attribuez des tâches au sein de l'équipe, demandez de l'aide et déléguez si possible,

- **Tranquillité :** demandez à vos collègues de prendre vos appels téléphoniques, déconnectez-vous des réseaux sociaux et évitez les e-mails,

- **Communiquer dans le calme :** ne soyez pas stressé vis-à-vis de vos collègues, de vos managers et de vos partenaires. Expliquez les choses clairement et demandez un retour rapide,

- **Allez-y doucement :** le stress ne sert à rien à part gaspiller votre énergie. Prenez des pauses régulièrement et apprenez à lâcher prise quand vous bloquez sur un point : faites quelque chose d'autre et revenez-y plus tard.

Après

- **Comprendre :** échangez avec vos collègues pour comprendre pourquoi vous en êtes arrivés là et y trouver des solutions,

- **Éviter les pièges :** ne créez pas de fausses urgences et vérifiez les dates limites avec vos managers ou vos partenaires,

- **Organisation :** relisez les conseils ci-dessus et appliquez-les pour éviter que la situation ne se reproduise.

D   Organiser et animer une réunion

Conseils

- **Fréquence** : les réunions doivent rester occasionnelles, par exemple tous les mois, tous les trois mois ou tous les six mois en fonction de la durée du projet,

- **Nombre de participants** : quand la réunion rassemble trop de participants, il sera difficile de tous les impliquer et de faire avancer les choses. Limitez leur nombre et choisissez-les pour ce qu'ils peuvent apporter,

- **Lieu** : choisissez un lieu pratique et accessible pour tous,

- **Vidéoconférence** : quand certaines personnes ne peuvent pas assister à la réunion pour une question de distance, il est plus simple d'organiser une vidéoconférence. L'impact sera également réduit sur l'environnement,

- **Information** : quand vous êtes invité à une réunion mais que vous ne pouvez pas vous y rendre, prévenez les organisateurs. Avant d'assister à la réunion, informez-vous sur son contenu et son but

Avant la réunion

- **Ordre du jour** : ce document présente les points-clé à aborder au cours de la réunion. Commencez avec les points les plus importants et les plus difficiles pour une meilleure gestion du temps et une meilleure concentration,

- **Invitation** : en fonction de l'importance de la réunion, les invitations devraient être envoyées entre une et deux semaines avant avec l'ordre du jour, le lieu, la date et l'heure,

- **Information** : envoyez les documents d'information au sujet de la réunion aux participants,

- **Prise de notes** : nommez une personne en charge de la prise de notes pendant la réunion,

- **Matériel** : listez et préparez les documents et le matériel (ordinateur, internet, vidéoprojecteur) nécessaires à la réunion.

Note

Quand vous organisez une réunion transnationale, pensez à la traduction des documents ainsi qu'à l'interprétation pendant la réunion.

Pendant la réunion

- **Présentation** : laissez les participants se présenter chacun leur tour avant de débuter la réunion. Des porte-noms peuvent être utiles,

- **Ordre du jour** : suivez les points inscrits à l'ordre du jour et limitez-vous à ceux-ci,

- **Timing** : prévoyez une durée limite pour chaque point selon leur importance, par exemple 10 minutes,

- **Participation** : essayez d'impliquer chaque participant. N'hésitez pas à demander l'avis de chacun avant de passer au point suivant,

- **Prise de parole** : si possible, donnez un temps de parole équitable à chaque participant qui devra également respecter les autres. Évitez le jargon et les acronymes, sinon expliquez-les,

- **Désaccords** : chaque participant doit pouvoir donner son avis et respecter celui des autres. N'oubliez pas que vous êtes là pour trouver une solution,

- **Concentration** : évitez les appels téléphoniques, les messages et les e-mails pendant la réunion.

À la fin de la réunion

- **Objectifs** : fixez des objectifs à atteindre par les participants d'ici la prochaine réunion,

- **Prochaine réunion** : ensemble, fixez une date et un lieu pour la prochaine réunion,

- **Minutes** : envoyez le compte-rendu de la réunion à chaque participant dans les trois jours suivant la réunion, pour lui permettre d'avoir les actions à réaliser et leur date limite.

Note

- **Présentation PowerPoint©** : utile seulement si les diapositives présentent des points-clé,

- **Sessions de brainstorming** : le travail en équipe dans un cadre moins formel peut être plus productif quand il faut réfléchir sur des points très spécifiques.

Dans le cadre d'un projet européen, plus d'information sur les réunions transnationales : 18 c. Organiser les réunions et les événements

DOCUMENTS DE TRAVAIL

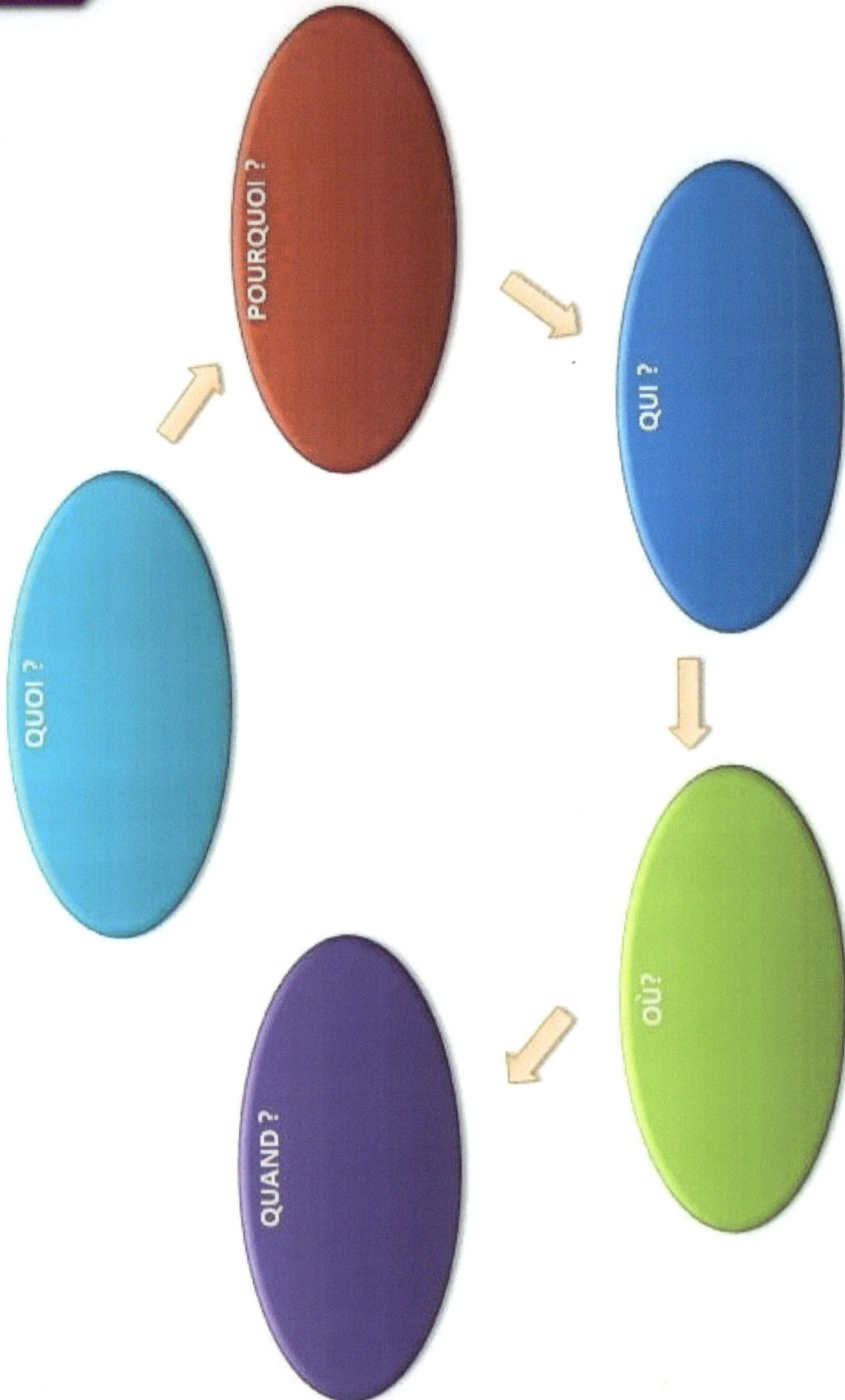

1 L'idée

POURQUOI ?

QUI ?

QUOI ?

OÙ ?

QUAND ?

De l'idée... au projet

1/ L'arbre des causes

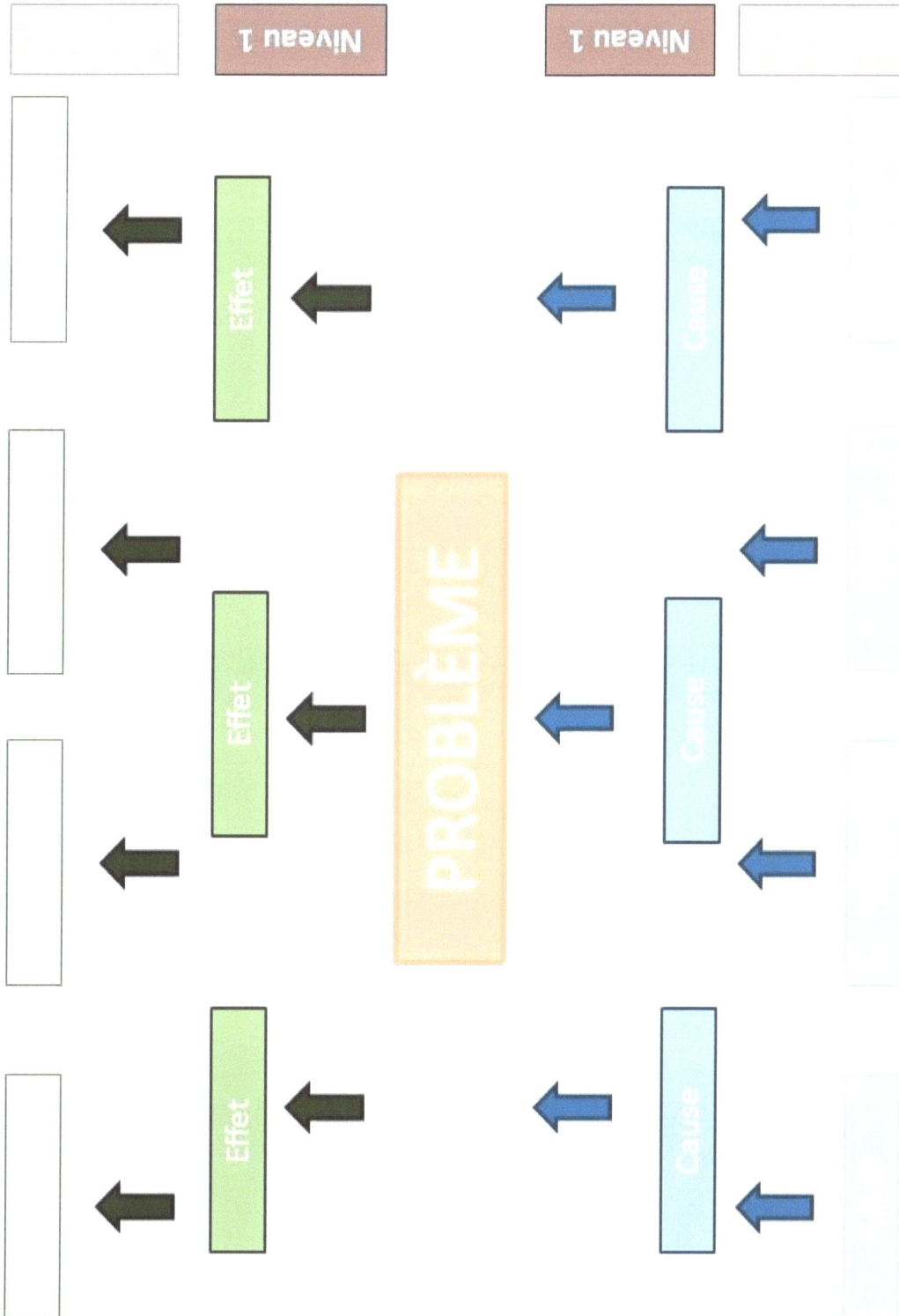

2 De l'idée... au projet

2/ L'état de l'art

ARTICLES DE PRESSE

PROJETS SIMILAIRES DÉJÀ MENÉS

POLITIQUES DE L'ONU, DE L'UE ET DU GOUVERNEMENT FRANÇAIS

STATISTIQUES

ÉTUDES

ORGANISATIONS EXPERTES

3/ L'analyse AFOM

INTERNE	EXTERNAE
FAIBLESSES	**MENACES**
ATOUTS	**OPPORTUNITÉS**
INTERNE	EXTERNE

De l'idée... au projet

4/ Le cadre logique

	RÉSUMÉ DU PROJET Description	INDICATEURS DE RÉFÉRENCE Vérifier le bon avancement du projet	INDICATEURS DE SUIVI Comment vérifier les indicateurs de référence?	HYPOTHÈSES Hypothèse sur l'avancement du projet
OBJECTIF Objectif général du projet	7			x
RÉSULTATS Objectifs principaux du projet	5			6
RETOMBÉES Résultats des activités	3			4
ACTIVITÉS Activités à mener au cours de la mise en œuvre du projet	1			2

Comment identifier les sources de cofinancement

Le brainstorming

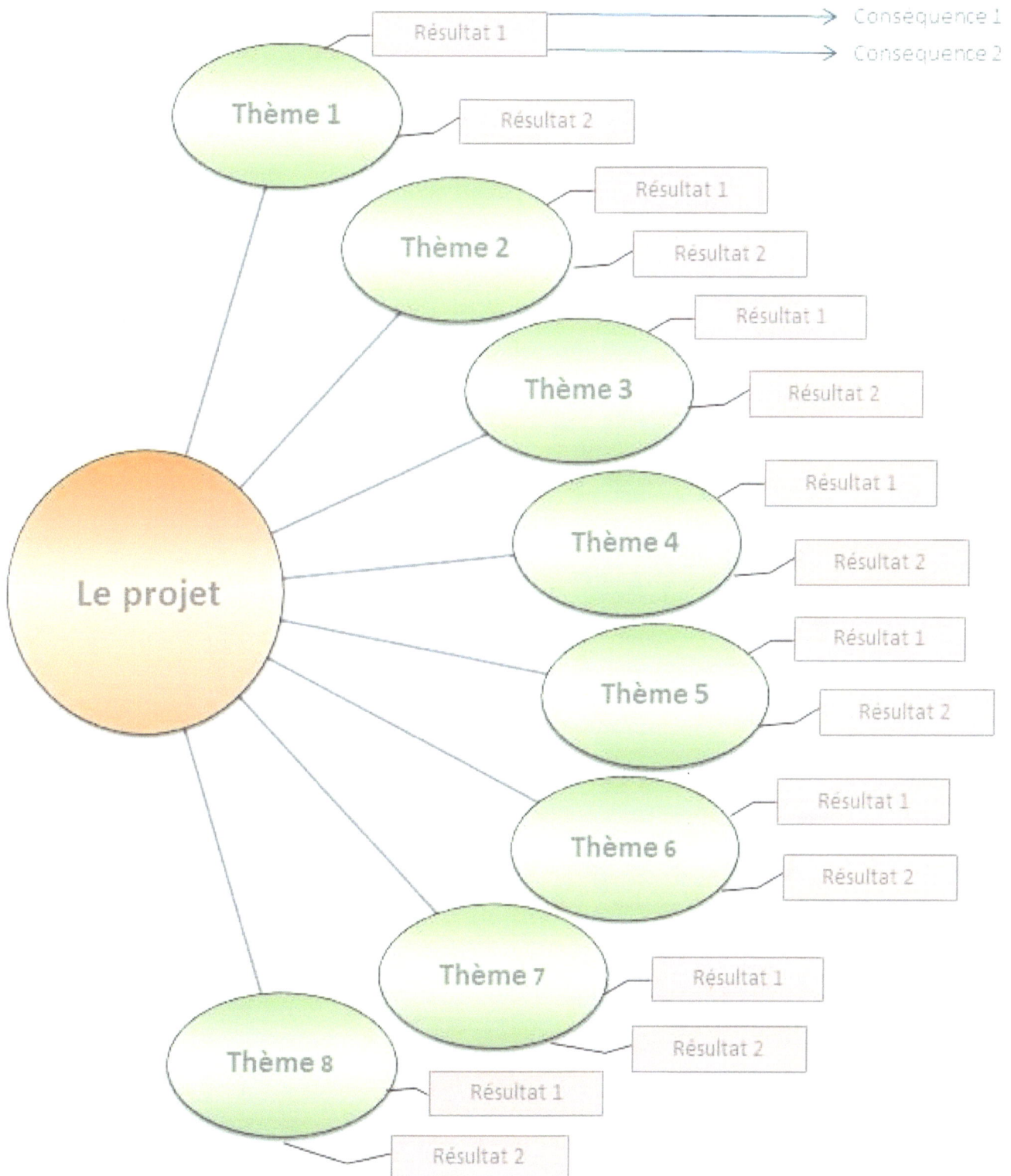

Thème 1	Résultat 1 → Conséquence 1 / Conséquence 2
	Résultat 2
Thème 2	Résultat 1
	Résultat 2
Thème 3	Résultat 1
	Résultat 2
Thème 4	Résultat 1
	Résultat 2
Thème 5	Résultat 1
	Résultat 2
Thème 6	Résultat 1
	Résultat 2
Thème 7	Résultat 1
	Résultat 2
Thème 8	Résultat 1
	Résultat 2

Le projet

4 Comment adapter le projet aux critères du cofinanceur potentiel

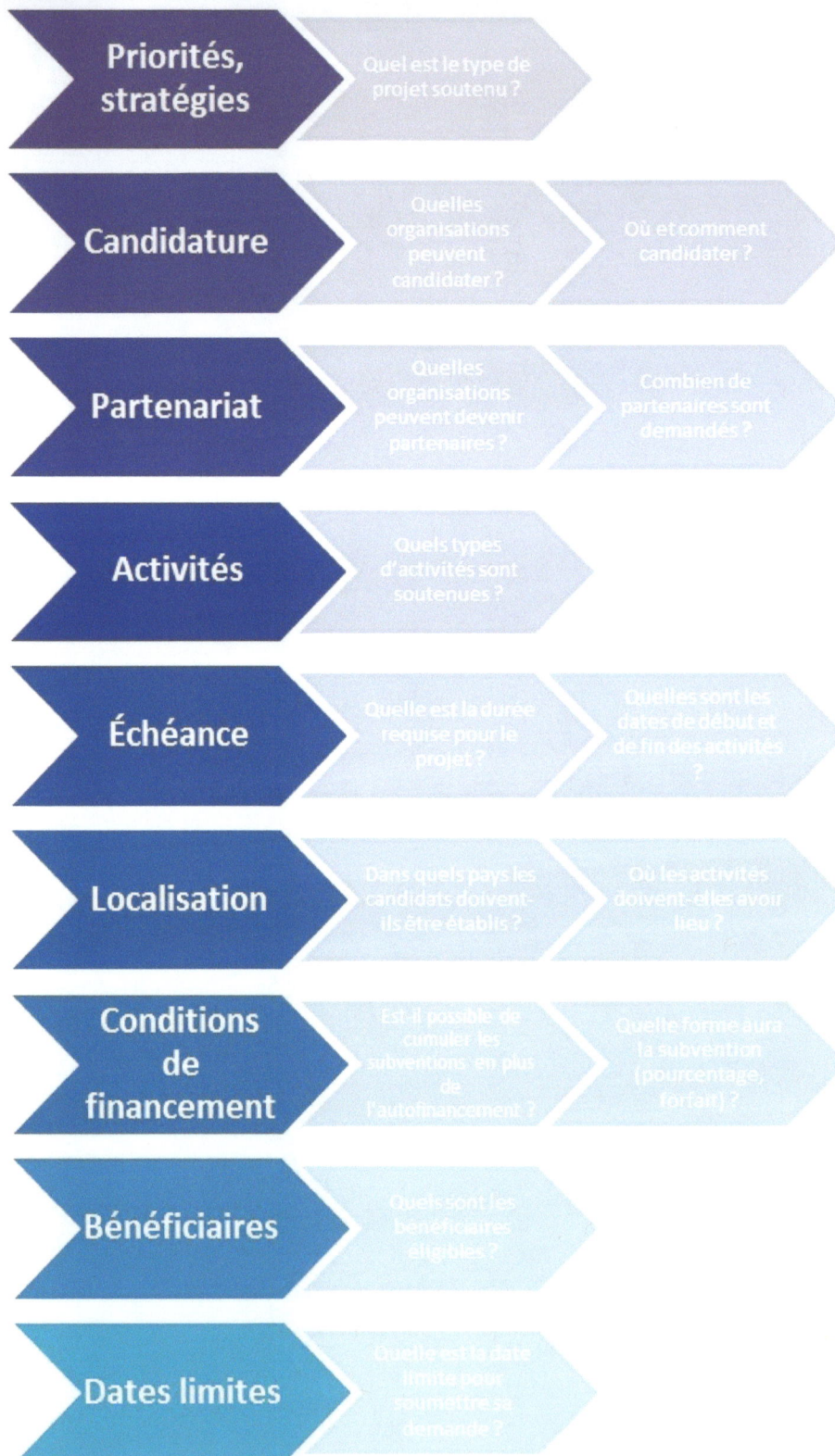

Priorités, stratégies — Quel est le type de projet soutenu ?

Candidature — Quelles organisations peuvent candidater ? — Où et comment candidater ?

Partenariat — Quelles organisations peuvent devenir partenaires ? — Combien de partenaires sont demandés ?

Activités — Quels types d'activités sont soutenues ?

Échéance — Quelle est la durée requise pour le projet ? — Quelles sont les dates de début et de fin des activités ?

Localisation — Dans quels pays les candidats doivent-ils être établis ? — Où les activités doivent-elles avoir lieu ?

Conditions de financement — Est-il possible de cumuler les subventions, en plus de l'autofinancement ? — Quelle forme aura la subvention (pourcentage, forfait) ?

Bénéficiaires — Quels sont les bénéficiaires éligibles ?

Dates limites — Quelle est la date limite pour soumettre sa demande ?

4 Définir un plan de communication

1/ CIBLES

2/ OBJECTIFS

3/ ÉMETTEURS DES MESSAGES

4/ MOYENS DE COMMUNICATION

5/ CONTENU

6/ PLANNING

7/ ÉVALUATION

12   Analyse des risques

MATRICE D'ANALYSE DES RISQUES		IMPACT				
		- - Très faible	- Faible	0 Moyen	+ Fort	+ + Très fort
P R O B A B I L I T É	+ + Très forte	Important	Important	Extrême	Extrême	Extrême
	+ Forte	Moyen	Important	Important	Extrême	Extrême
	0 Moyenne	Faible	Moyen	Important	Extrême	Extrême
	- Faible	Faible	Faible	Moyen	Important	Extrême
	- - Très faible	Négligeable	Faible	Moyen	Important	Important

12 Analyse des risques

Situation	Probabilité	Impact	Risque	Alternative

13 Planning de mise en œuvre

	Mois 1	Mois 2	Mois 3	Mois 4	Mois 5	Mois 6	Mois 7	Mois 8	Mois 9	Mois 10	Mois 11	Mois 12
Work Package 1												
Work Package 2												
Work Package 3												
Work Package 4												
Work Package 5												
Work Package 6												

Préparation administrative

2/ Le programme de travail

Échéance	Janvier (ou mois de début du projet)	F	M	A	M	J	J	A	S	O	N	D	Etc.
Work Package 1													
Work Package 2													
WP3													
WP4													
WP5													
Etc.													

Tâche	Date de début	Durée prévue (en jours)	Date de fin prévue	Nombre de jours depuis le début	Nombre de jours jusqu'à la fin prévue	Nombre de jours de retard	Date de fin réelle
1							
2							
3							
4							
6							
7							
8							
9							
10							
11							
12							
13							
14							
15							
16							
17							
18							

18 a   Suivi de projet : le diagramme de Gantt

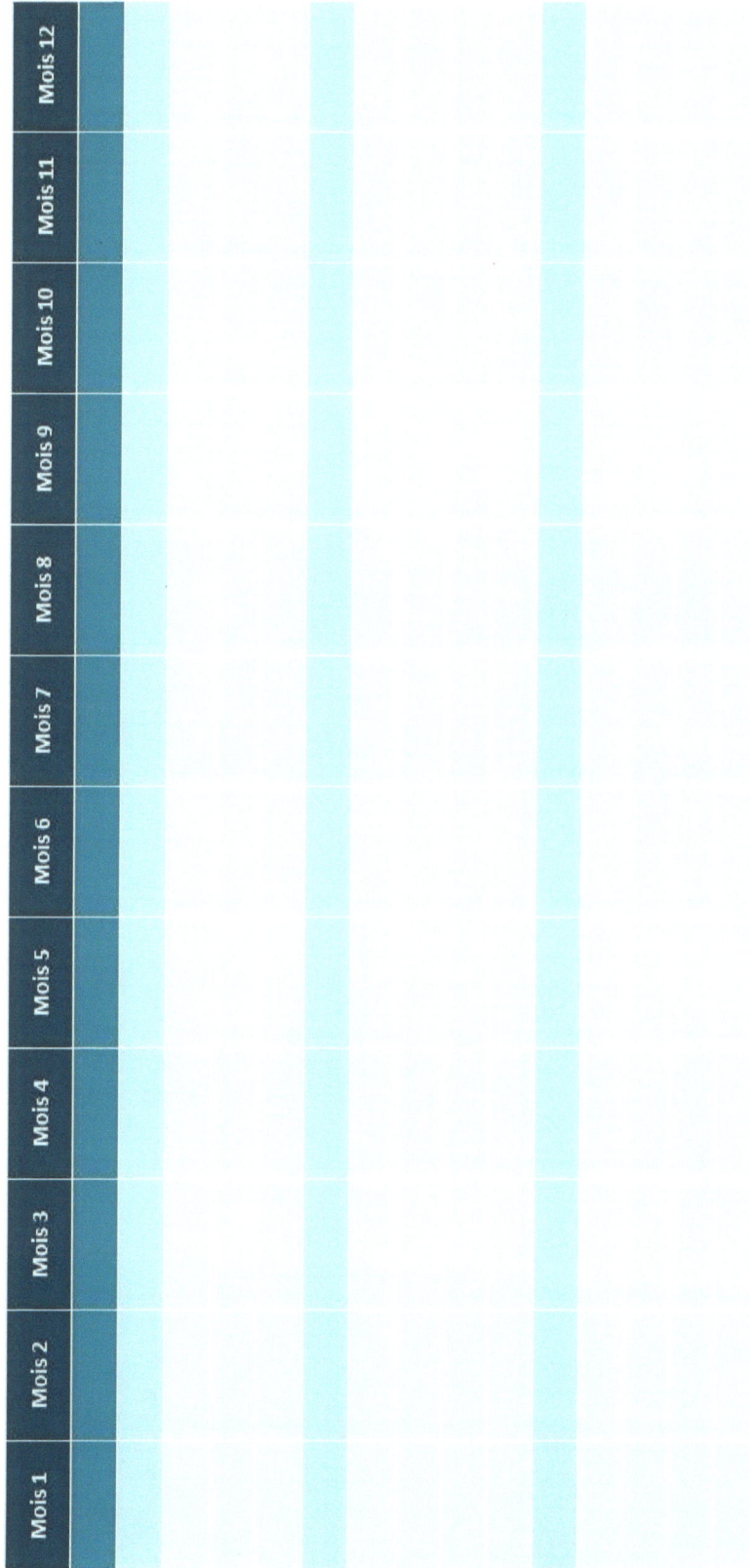

Mois 1	Mois 2	Mois 3	Mois 4	Mois 5	Mois 6	Mois 7	Mois 8	Mois 9	Mois 10	Mois 11	Mois 12

18 h La gestion financière

	Mois 1	Mois 2	Mois 3	Mois 4	Sous-total
RECETTES					
PORTEUR DE PROJET					
Cofinanceur A					0,00 €
Cofinanceur B					0,00 €
Cofinanceur C					0,00 €
Ressources propres					0,00 €
Contribution en nature (immobilisations)					0,00 €
Contribution en nature (dépenses de fonctionnement)					0,00 €
Dons					0,00 €
Recettes directes générées par le projet					0,00 €
Sous-total A.1	0,00 €	0,00 €	0,00 €	0,00 €	0,00 €
PARTENAIRE A					
Cofinanceur A					0,00 €
Cofinanceur B					0,00 €
Cofinanceur C					0,00 €
Ressources propres					0,00 €
Contribution en nature (immobilisations)					0,00 €
Contribution en nature (dépenses de fonctionnement)					0,00 €
Dons					0,00 €
Recettes directes générées par le projet					0,00 €
Sous-total A.2	0,00 €	0,00 €	0,00 €	0,00 €	0,00 €
Sous-total A (A.1 + A.2)	0,00 €	0,00 €	0,00 €	0,00 €	0,00 €
DÉPENSES					
PORTEUR DE PROJET					
IMMOBILISATIONS					
A/ Infrastructures, locaux, rénovation					0,00 €
B/ Autres immobilisations					0,00 €
DÉPENSES DE FONCTIONNEMENT					
C/ Coûts de personnel					0,00 €
D/ Coûts d'audit financier (si nécessaire)					0,00 €
E/ Coûts de déplacement et de subsistance					0,00 €
F/ Traduction, interprétariat					0,00 €
G/ Communication et dissémination					0,00 €
H/ Sous-traitants					0,00 €
I/ Frais généraux					0,00 €
J/ Amortissement					0,00 €
K/ Consommables					0,00 €
Sous-total B.1	0,00 €	0,00 €	0,00 €	0,00 €	0,00 €
PARTENAIRE A					
IMMOBILISATIONS					
A/ Infrastructures, locaux, rénovation					0,00 €
B/ Autres immobilisations					0,00 €
DÉPENSES DE FONCTIONNEMENT					
C/ Coûts de personnel					0,00 €
D/ Coûts d'audit financier (si nécessaire)					0,00 €
E/ Coûts de déplacement et de subsistance					0,00 €
F/ Traduction, interprétariat					0,00 €
G/ Communication et dissémination					0,00 €
H/ Sous-traitants					0,00 €
I/ Frais généraux					0,00 €
J/ Amortissement					0,00 €
K/ Consommables					0,00 €
Sous-total B.2	0,00 €	0,00 €	0,00 €	0,00 €	0,00 €
Sous-total B (B.1 + B.2)	0,00 €	0,00 €	0,00 €	0,00 €	0,00 €
Solde net de trésorerie (Sous-total A - Sous-total B)	0,00 €	0,00 €	0,00 €	0,00 €	0,00 €

www.ingramcontent.com/pod-product-compliance
Lightning Source LLC
Chambersburg PA
CBHW040341220326
41518CB00045B/182